高等学校Java课程系列教材

U0659372

Java
面向对象程序设计
（第4版）实验指导与习题解答

◎ 耿祥义 张跃平 主编

清华大学出版社

北京

内 容 简 介

本书是《Java 面向对象程序设计》(第 4 版·微课视频版)(以下简称"主教材")的配套实验指导与习题解答。本书的第一部分为 16 个上机实践的内容,每个上机实践由若干实验组成。每个实验由相关知识点、实验目的、实验要求、程序模板、实验指导和实验报告等组成。在进行实验之前,首先通过实验目的了解实验要完成的关键主题,通过实验要求知道本实验应达到怎样的标准,然后完成实验模板,填写实验报告。本书的第二部分为主教材的习题解答。

本书提供书中所有实验的实验模板的源程序,扫描封底的文泉云盘防盗码,再扫描目录上方的二维码,可以下载。

图书在版编目(CIP)数据

Java 面向对象程序设计(第 4 版)实验指导与习题解答 / 耿祥义,张跃平主编. -- 北京 :清华大学出版社,2025.9. --(高等学校 Java 课程系列教材). -- ISBN 978-7-302-69826-5

Ⅰ. TP312.8

中国国家版本馆 CIP 数据核字第 2025CT3512 号

策划编辑:魏江江
责任编辑:王冰飞
封面设计:刘 键
责任校对:时翠兰
责任印制:刘海龙

出版发行:清华大学出版社
    网   址:https://www.tup.com.cn,https://www.wqxuetang.com
    地   址:北京清华大学学研大厦 A 座   邮 编:100084
    社 总 机:010-83470000   邮 购:010-62786544
    投稿与读者服务:010-62776969,c-service@tup.tsinghua.edu.cn
    质量反馈:010-62772015,zhiliang@tup.tsinghua.edu.cn
    课件下载:https://www.tup.com.cn,010-83470236
印 装 者:三河市铭诚印务有限公司
经 销:全国新华书店
开 本:185mm×260mm   印 张:11.25   字 数:273 千字
版 次:2025 年 9 月第 1 版   印 次:2025 年 9 月第 1 次印刷
印 数:1~1500
定 价:35.00 元

产品编号:111751-01

前　言

本书是《Java面向对象程序设计》(第4版·微课视频版)(以下简称"主教材")的配套实验指导和习题解答,本书的编写目的是通过一系列实验练习使学生巩固所学的知识。要求JDK版本不低于JDK 6,部分实验需要JDK 8之后的版本,如第6章的实验3要求JDK 10之后的版本,第9章的实验3、第10章的实验2和第13章的实验3要求JDK 8之后的版本。

本书的第一部分为16个上机实践的内容,每个上机实践由若干实验组成,每个实验由8个主要部分构成:

1. 相关知识点

相关知识点给出和该实验相关的重点知识和难点知识。

2. 实验目的

实验目的让学生了解本实验需要掌握哪些知识,实验将以这些知识为中心。

3. 实验要求

实验要求给出该实验需要达到的基本标准。

4. 程序效果示例

运行效果图,就是程序运行的效果参考图。

5. 程序模板

程序模板是一个Java源程序,其中删除了需要学生重点掌握的代码,这部分代码要求学生完成。模板起到引导作用,学生通过完成模板可以深入了解解决问题的方式。

6. 实验指导

实验指导针对实验的难点给出必要的提示。要求学生向指导老师演示模板程序的运行效果。

7. 实验后的练习

在实验的基础上,给出需要进一步完成的任务。

8. 填写实验报告

学生根据自己的完成情况,填写实验报告单。

本书的第二部分为主教材的习题解答,仅供参考。

本书提供书中所有实验的实验模板的源程序,扫描封底的文泉云盘防盗码,再扫描目录上方的二维码可以下载。

作者

2025年5月

目　录

第一部分　上 机 实 践

第二部分　主教材习题解答

VI

第一部分

上机实践

第1章　　　　　　　　　　Java 入门

实验 1　一个简单的应用程序

1. 相关知识点

Java 语言的出现是源于对独立于平台语言的需要,即这种语言编写的程序不会因为芯片的变化而无法运行或出现运行错误。目前,随着网络的迅速发展,Java 语言的优势越发明显,Java 已经成为网络时代最重要的语言之一。

Sun 公司要实现"编写一次,到处运行"的目标,就必须提供相应的 Java 运行平台,目前Java 运行平台主要分为下列 3 个版本。

(1) Java SE:称为 Java 标准版或 Java 标准平台。Java SE 提供了标准的 JDK 开发平台。利用该平台可以开发 Java 桌面应用程序和低端的服务器应用程序,也可以开发 JavaApplet 程序。当前的 JDK 版本为 JDK 12。

(2) Java EE:称为 Java 企业版或 Java 企业平台。使用 Java EE 可以构建企业级的服务应用,Java EE 平台包含了 Java SE 平台,并增加了附加类库,以便支持目录管理、交易管理和企业级消息处理等功能。

(3) Java ME:称为 Java 微型版或 Java 小型平台。Java ME 是一种很小的 Java 运行环境,用于嵌入式的消费产品中,如移动电话、掌上电脑或其他无线设备等。

上述 Java 运行平台都包括了相应的 Java 虚拟机(Java Virtual Machine),虚拟机负责将字节码文件(包括程序使用的类库中的字节码)加载到内存,然后采用解释方式来执行字节码文件,即根据相应硬件的机器指令翻译一句执行一句。Java SE 平台是学习 Java 语言的最佳平台,而掌握 Java SE 又是进一步学习 Java EE 和 Java ME 所必需的。

2. 实验目的

本实验的目的是让学生掌握开发 Java 应用程序的 3 个步骤:编写源文件、编译源文件和运行应用程序。

3. 实验要求

编写一个简单的 Java 应用程序,该程序在命令行窗口输出两行文字:"你好,很高兴学习 Java"和"We are students"。

4. 程序效果示例

程序运行效果如图 1.1 所示。

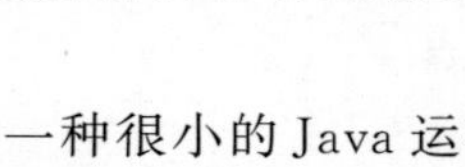

5. 程序模板

按模板要求,将【代码】部分替换为 Java 程序代码。

```
C:\1000>javac Hello.java

C:\1000>java Hello
你好,很高兴学习Java
We are students
```

图 1.1　简单的应用程序

```
//Hello.java
public class Hello {
public static void main (String args[ ]) {
    【代码1】                              //命令行窗口输出"你好,很高兴学习Java"
        A a = new A();
        a.fA();
    }
}
class A {
    void fA() {
    【代码2】                              //命令行窗口输出"We are students"
    }
}
```

6. 实验指导

打开一个文本编辑器。如果是 Windows 操作系统,打开"记事本"编辑器,可以通过"程序"|"附件"|"记事本"来打开文本编辑器;如果是其他操作系统,请在指导老师的帮助下打开一个纯文本编辑器。

按照"程序模板"的要求编辑输入源程序。

(1)保存源文件。

将源文件命名为 Hello.java。可以将源文件保存到 C 盘的某个文件夹中,例如 C:\1000。

(2)编译源文件。

打开命令行窗口,对于 Windows 操作系统,打开 MS-DOS 窗口。对于 Windows 2000/ XP 操作系统,可以通过单击"开始"按钮,选择"程序"|"附件"|MS-DOS 打开命令行窗口,也可以选择"开始"|"运行"命令,在打开的"运行"对话框中输入"cmd",打开命令行窗口。如果当前 MS-DOS 窗口显示的逻辑符是"D:\",输入"C:",按 Enter 键确认,使得当前 MS-DOS 窗口的状态是"C:\"。如果当前 MS-DOS 窗口的状态是 C 盘符的某个子目录,请输入"cd\",使得当前 MS-DOS 窗口的状态是"C:\"。当 MS-DOS 窗口的状态是"C:\"时,输入进入文件夹目录的命令,例如,"CD 1000",然后执行下列编译命令: C:\1000 > javac Hello.java。

在编译源文件时如果遇到错误提示"Command not Found",请检查是否正确设置了系统变量 Path。如果 JDK 的安装目录是 C:\jdk12,可以在命令行临时设置系统变量 Path: path C:\jdk12\bin。

在编译源文件时如果遇到错误提示"File not Found",请检查源文件是否保存在当前目录中。

在编译源文件时可能遇到一些语法错误的提示,例如"非法字符:\65307",其原因是在汉语输入状态下输入了程序中需要的语句分号。Java 源程序中语句所涉及的小括号及标点符号都是英文状态下输入的,如"你好,很高兴学习 Java"中的引号必须是英文状态下的引号,而字符串里面的符号不受汉语或英文的限制。

(3)运行程序。

```
C:\1000 > java Hello
```

运行程序如果出现错误提示"Exception in thread main java.lang.NoClassFondError",

请检查是否正确设置了系统变量 ClassPath,或检查是否运行的是主类的名字。

7. 实验后的练习

(1)编译器怎样提示丢失大括号的错误。

(2)编译器怎样提示语句丢失分号的错误。

(3)编译器怎样提示将 System 写成 system 这一错误。

(4)编译器怎样提示将 String 写成 string 这一错误。

8. 填写实验报告

实验编号:101　　学生姓名:　　　　　实验时间:　　　　　教师签字:

实验效果评价	A	B	C	D	E
模板完成情况					
实验后练习效果评价	A	B	C	D	E
练习完成情况					
总评					

实验 2　教室、教师和学生

1. 相关知识点

一个 Java 应用程序(也称为一个工程)是由若干个类所构成,这些类可以在一个源文件中,也可以分布在若干个源文件中。Java 应用程序有一个主类,即含有 main 方法的类,Java 应用程序从主类的 main 方法开始执行。在编写一个 Java 应用程序时,可以编写若干 Java 源文件,每个源文件编译后产生若干类的字节码文件。经常需要进行如下的操作。

- 将应用程序涉及的 Java 源文件保存在相同的目录中,分别编译通过,得到 Java 应用程序所需要的字节码文件。

- 运行主类。

当使用解释器运行一个 Java 应用程序时,Java 虚拟机将 Java 应用程序需要的字节码文件加载到内存,然后再由 Java 虚拟机解释执行。因此,可以事先单独编译一个 Java 应用程序所需要的其他源文件,并将得到的字节码文件和主类的字节码文件存放在同一目录中。如果应用程序的主类的源文件和其他的源文件在同一目录中,也可以只编译主类的源文件,Java 系统会自动地先编译主类需要的其他源文件。

2. 实验目的

熟悉 Java 应用程序的基本结构,并能联合编译应用程序所需要的类。

3. 实验要求

编写 3 个源文件:ClassRoom. java、Teacher. java 和 Student. java,每个源文件只有一个类。ClassRoom. java 含有应用程序的主类(含有 main 方法),并使用了 Teacher 和 Student 类。将 3 个源文件保存到同一目录中,例如 C:\1000,然后编译 ClassRoom. java。

4. 程序效果示例

程序运行效果如图 1.2 所示。

5．程序模板

请按模板要求，将【代码】部分替换为 Java 程序代码。

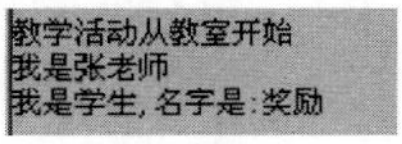

```java
//ClassRoom.java
public class ClassRoom {
    public static void main (String args[ ]) {
        【代码1】                          //命令行窗口输出"教学活动从教室开始"
        Teacher zhang = new Teacher();
        Student jiang = new Student();
        zhang.introduceSelf();
        jiang.introduceSelf();
    }
}
//Teacher.java
public class Teacher {
    void introduceSelf() {
        【代码2】                          //命令行窗口输出"我是张老师"
    }
}
//Student.java
public class Student {
    void introduceSelf() {
        【代码3】                          //命令行窗口输出"我是学生,名字是:奖励"
    }
}
```

图 1.2　只编译主类

6．实验指导

编译 ClassRoom.java 的过程中，Java 系统会自动地先编译 Teacher.java、Student.java，编译通过后，C:\1000 中将会有 ClassRoom.class、Teacher.class 和 Student.class 这3 个字节码文件。

当运行上述 Java 应用程序时，虚拟机将 ClassRoom.class、Teacher.class 和 Student.class 加载到内存。当虚拟机将 ClassRoom.class 加载到内存时，就为主类中的 main 方法分配了入口地址，以便 Java 解释器调用 main 方法开始运行程序。如果编写程序时错误地将主类中的 main 方法写成 public void main(String args[])，那么，程序可以编译通过，但却无法运行。

7．实验后的练习

（1）将 ClassRoom.java 编译通过以后，不断地修改 Teacher.java 源文件中的【代码2】，例如，在命令行窗口输出"我是数学老师"或"我是物理老师"。要求每次修改 Teacher.java 源文件后，单独编译 Teacher.java，然后直接运行应用程序（不要再编译 ClassRoom.java）。

（2）如果需要编译某个目录（例如 C:\1000 目录）下的全部 Java 源文件，可以使用如下命令：

```
C:\1000 > javac * .java
```

请练习上述命令。

8. 填写实验报告

实验编号：102　　学生姓名：　　　　　实验时间：　　　　　教师签字：

实验效果评价	A	B	C	D	E
模板完成情况					
实验后练习效果评价	A	B	C	D	E
练习完成情况					
总评					

实 验 答 案

实验 1

【代码 1】　System. out. println("你好,很高兴学习 Java ");

【代码 2】　System. out. println("We are students ");

实验 2

【代码 1】　System. out. println("教学活动从教室开始");

【代码 2】　System. out. println("我是张老师");

【代码 3】　System. out. println("我是学生,名字是:奖励");

第2章

基本数据类型

实验 1　输出特殊偏旁的汉字

1. 相关知识点

Java 的简单数据类型（也称基本数据类型）包括 byte、short、int、long、float、double 和 char。简单数据类型按精度级别由低到高的顺序是：

byte　short　char　int　long　float　double

简单类型的数据转换规则是：当把级别低的变量的值赋给级别高的变量时，系统自动完成数据类型的转换；当把级别高的变量的值赋给级别低的变量时，需用类型转换运算。

要观察一个字符在 Unicode 表中的顺序位置，需使用 int 类型转换，如(int)'a'。要得到一个 0～65 535 的数所代表的 Unicode 表中相应位置上的字符，需使用 char 型转换。char 型数据和 byte、short、int 运算的结果是 int 型数据。

2. 实验目的

掌握 char 型数据和 int 型数据之间的互相转换，同时了解 Unicode 字符表。

3. 实验要求

编写应用程序，在命令行窗口输出 5 个"石"字旁的汉字和 5 个"女"字旁的汉字。

4. 程序效果示例

程序运行效果如图 2.1 所示。

5. 程序模板

按模板要求，将【代码】部分替换为 Java 程序代码。

```
输出5个石字旁的汉字:
研 (30740)砕 (30741)砖 (30742)砣 (30743)砤 (30744)砥 (30745)
输出5个女字旁的汉字:
妈 (22920)统 (22921)妊 (22922)妌 (22923)妍 (22924)妍 (22925)
```
图 2.1　输出特殊偏旁的汉字

```java
//InputChinese. java
public class InputChinese {
    public static void main (String args[ ]){
        char ch = '研', zifu = 0;
        int p = 22920, count = 5, position = 0;
        System. out. printf("输出 % d 个石字旁的汉字:\n", count);
        for(char c = ch; c < = ch + count; c++) {
          【代码 1】                //c 进行 int 型转换数据运算,并将结果赋值给 position
            System. out. printf(" % c( % d)", c, position);
        }
        System. out. printf("\n 输出 % d 个女字旁的汉字:\n", count);
        for( int n = p; n < = p + count; n++) {
```

【代码2】　　　　　　　　// n 做 char 型转换运算,并将结果赋值给 zifu
```
    System.out.printf("%c(%d)",zifu,n);
    }
  }
}
```

6. 实验指导

Unicode 表将偏旁相同的汉字按顺序排列。

7. 实验后的练习

(1) 将一个 double 型数据直接赋值给 float 型变量,程序编译时系统会提示怎样的错误?

(2) 在应用程序的 main 方法中增加语句:

```
float x = 0.618;
```

程序能编译通过吗?

(3) 在应用程序的 main 方法中增加语句:

```
byte y = 128;
```

程序能编译通过吗? 在应用程序的 main 方法中增加语句:

```
int z = (byte)128;
```

程序输出变量 z 的值是多少?

8. 填写实验报告

实验编号:201　　学生姓名:　　　　　实验时间:　　　　　教师签字:

实验效果评价	A	B	C	D	E
模板完成情况					
实验后练习效果评价	A	B	C	D	E
练习完成情况					
总评					

实验 2　输入、输出学生的基本信息

1. 相关知识点

Scanner 是 JDK 1.5 新增的一个类,可以使用该类创建对象:

```
Scanner reader = new Scanner(System.in);
```

然后 reader 对象调用下列方法,读取用户在命令行(如 MS-DOS 窗口)输入的各种简单类型数据:

```
nextBoolean(),nextByte(),nextShort(),nextInt(),nextLong(),nextFloat(),nextDouble()
```

上述方法执行时都会堵塞,程序等待用户在命令行输入数据后按 Enter 键确认。

2. 实验目的

掌握从键盘为简单型变量输入数据。

3. 实验要求

编写 Java 应用程序,使用 Scanner 对象输入学生的基本信息,并输出基本信息。

4. 程序效果示例

程序运行效果如图 2.2 所示。

```
输入姓名(按Enter键确认):
zhanlin
输入年龄(按Enter键确认):
21
输入身高(按Enter键确认):
1.78
            --基本信息--
     姓名:zhanlin    年龄:21   身高:1.78
```

图 2.2　输入、输出学生基本信息

5. 程序模板

按模板要求,将【代码】部分替换为 Java 程序代码。

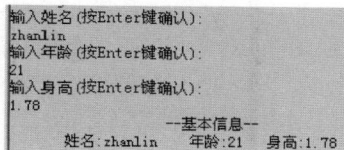

```java
//InputMess.java
import java.util.Scanner;
public class InputMess {
    public static void main(String args[]) {
        Scanner reader = new Scanner(System.in);
        System.out.println("输入姓名(按 Enter 键确认):");
        String name =【代码 1】              //从键盘为 name 赋值
        System.out.println("输入年龄(按 Enter 键确认):");
        byte age =【代码 2】                  //从键盘为 age 赋值
        System.out.println("输入身高(按 Enter 键确认):");
        float height =【代码 3】              //从键盘为 height 赋值
        System.out.printf("%28s\n","-- 基本信息 -- ");
        System.out.printf("%10s% - 10s","姓名:",name);
        System.out.printf("%4s% - 4d","年龄:",age);
        System.out.printf("%4s% - 4.2f","身高:",height);
    }
}
```

6. 实验指导

JDK 1.5 后续版本新增了和 C 语言中 printf 函数类似的数据输出方法,其格式为:

System.out.printf("格式控制部分",表达式 1,表达式 2,…,表达式 n)

输出数据时也可以控制数据在命令行的位置,例如:%md——输出的 int 型数据占 m 列,%m.nf——输出的浮点型数据占 m 列,小数点保留 n 位。

7. 实验后的练习

编写一个 Java 应用程序,在主类的 main 方法中声明用于存放矩形的宽和高的两个 double 型变量 width、height 以及存放矩形面积的 double 型变量 area。

使用 Scanner 对象调用 nextDouble()方法,让用户从键盘为 width、height 变量输入值,然后程序计算出矩形的面积,并输出矩形的宽和高以及面积。

8. 填写实验报告

实验编号:202　　学生姓名:　　　　　实验时间:　　　　　教师签字:

实验效果评价	A	B	C	D	E
模板完成情况					
实验后练习效果评价	A	B	C	D	E
练习完成情况					
总评					

第 2 章

基本数据类型

实验 3　超大整数的加法

1. 相关知识点

对于特别大的整数，无法使用 long 型变量来处理大整数的加法。一种简单的处理办法是使用数组。可以将一个大整数的各个位上的数字存放到一个数组中，然后只需将存放大整数各个位上的数字的两个数组的各个元素按照一定的算法进行加法运算，将结果存放到另一个数组中即可。

2. 实验目的

本实验的目的是让学生掌握使用数组处理大整数的加法。

3. 实验要求

声明 3 个 int 型数组：a、b、c，要求三者的长度相同。将其中的 a、b 初始化为大整数的形式表示，但大整数的数字的长度必须小于数组的长度，以便保证数组 a 和 b 的首元素的值是 0。对 a 和 b 的各个元素进行加法运算（需要进位时，需改变 a 元素的值），结果依次存放到数组 c 中，输出数组 c。

4. 程序效果示例

程序运行效果如图 2.3 所示。

```
997945672345647898769
加上：
59164562345721340329
等于：
1057110234691369239098
```

图 2.3　大整数的加法

5. 程序模板

仔细阅读模板代码，完成实验后的练习。

```java
//HandleLargeNumber.java
public class HandleLargeNumber {
    public static void main(String args[]) {
        int a[] = {0,9,9,7,9,4,5,6,7,2,3,4,5,6,4,7,8,9,8,7,6,9};
        int b[] = {0,0,5,9,1,6,4,5,6,2,3,4,5,7,2,1,3,4,0,3,2,9};
        int c[] = new int[a.length];
        int i = 0,result = 0,k = 0;
        for(i = 0;i < a.length;i++) {
            if(a[i]! = 0) {
                k = i;
                break;
            }
        }
        for(i = k;i < a.length;i++) {
            System.out.printf(" %d",a[i]);
        }
        System.out.printf("\n 加上:\n");
        for(i = 0;i < b.length;i++) {
            if(b[i]! = 0) {
                k = i;
                break;
            }
        }
        for(i = k;i < b.length;i++) {
            System.out.printf(" %d",b[i]);
```

```
    }
    for(i = a.length - 1;i > = 0;i -- ) {
        result = a[i] + b[i];
        if(result > = 10) {
                c[i] = result % 10;
                a[i - 1] = a[i - 1] + 1;
        }
        else
                c[i] = result;
    }
    System.out.printf("\n 等于:\n");
    for(i = 0;i < c.length;i++) {
        if(c[i]! = 0) {
            k = i;
            break;
        }
    }
    for(i = k;i < c.length;i++) {
            System.out.printf(" % d",c[i]);
    }
    }
}
```

6. 实验指导

数组 a 和数组 b 的单元进行加法操作时,需要进行进位处理,所以要求数组 a 和数组 b 的首元素必须是数字 0。

7. 实验后的练习

参考本实验,编写程序计算两个大整数的减法。

8. 填写实验报告

实验编号:203　　学生姓名:　　　　实验时间:　　　　教师签字:

实验效果评价	A	B	C	D	E
模板完成情况					
实验后练习效果评价	A	B	C	D	E
练习完成情况					
总评					

实 验 答 案

实验 1

【代码 1】　position ＝ (int)c;

【代码 2】　zifu＝(char)n;

实验 2

【代码 1】　reader.nextLine();

【代码 2】　reader.nextByte();

【代码 3】　reader.nextFloat();

第3章 运算符、表达式与语句

实 验 1　托 运 行 李

1. 相关知识点

类型转换运算符是单目运算符,其运算所得数据的类型可能不同于操作元的类型。类型转换运算符不改变操作元本身的类型,操作元经常是数值型数据。例如,(float)12 的结果是 12.0f,(int)45.98 的结果是 45,(double)(int)68.89 的结果是 68.0。

2. 实验目的

本实验的目的是让学生掌握类型转换运算符。

3. 实验要求

(1) 火车在计算托运行李费用时以 kg 为单位计算费用(12 元/kg),忽略重量中的小数部分,即忽略不足 1kg 的部分。

(2) 汽车在计算托运行李费用时以 kg 为单位计算费用(22 元/kg),对重量中的小数部分进行四舍五入,即将不足 1kg 的部分进行四舍五入。

(3) 飞机在计算托运行李费用时以 g(1kg 等于 1000g)为单位计算费用(0.062 元/g),对重量中的小数部分,即不足 1g 的部分进行四舍五入。

用 double 型变量 weight 存放行李重量,用 charge 存放托运费用,程序让用户从键盘输入 weight 的值,该值是行李的重量(以 kg 为单位),然后程序将分别计算出用火车、汽车和飞机托运行李的费用。

4. 程序效果示例

程序运行效果如图 3.1 所示。

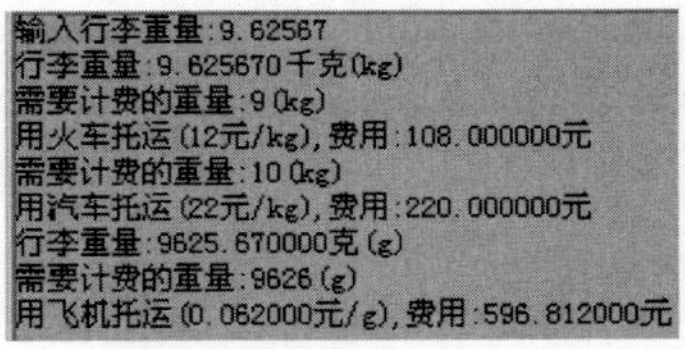

5. 程序模板

按模板要求,将【代码】替换为程序代码。

```
//BaggageAndMoney.java
import java.util.Scanner;
public class BaggageAndMoney {
    public static void main(String args[]) {
        int trainCharge = 12;                      //火车托运计费:12 元/kg
        int carCharge = 22;                        //汽车托运计费:22 元/kg
        double planeCharge = 0.062 ;               //飞机托运计费:0.062 元/g
        Scanner reader = new Scanner(System.in);
        double weight,charge;
        System.out.printf("输入行李重量:");
```

输入行李重量:9.62587
行李重量:9.625670千克(kg)
需要计费的重量:9(kg)
用火车托运(12元/kg),费用:108.000000元
需要计费的重量:10(kg)
用汽车托运(22元/kg),费用:220.000000元
行李重量:9625.670000克(g)
需要计费的重量:9626(g)
用飞机托运(0.062000元/g),费用:596.812000元

图 3.1　托运行李

```
weight = reader.nextDouble();
System.out.printf("行李重量：%f 千克(kg)\n",weight);
System.out.printf("需要计费的重量：%d(kg)\n",(int)weight);
【代码1】          //将表达式(int)weight * trainCharge 的值赋值给 charge
System.out.printf("用火车托运(%d 元/kg),费用：%f 元\n",trainCharge,charge);
System.out.printf("需要计费的重量：%d(kg)\n",(int)(weight + 0.5));
【代码2】          //将表达式(int)(weight + 0.5) * carCharge 的值赋值给 charge
System.out.printf("用汽车托运(%d 元/kg),费用：%f 元\n",carCharge,charge);
System.out.printf("行李重量：%f 克(g)\n",weight * 1000);
System.out.printf("需要计费的重量：%d(g)\n",(int)(weight * 1000 + 0.5));
【代码3】          //将表达式(int)(weight * 1000 + 0.5) * planeCharge 的值赋值给 charge
System.out.printf("用飞机托运(%f 元/g),费用：%f 元\n", planeCharge,charge);
    }
}
```

6. 实验指导

为了实现四舍五入，只需将浮点数据加上 0.5，再对结果进行 int 型转换运算即可。类型转换运算符的级别是 2 级，因此，(int)15.9＋0.5 的结果是 15.5，即相当于((int)15.9)＋0.5，而(int)(15.9＋0.5)的结果才是 16。

7. 实验后的练习

在实验的基础上进行改进，让飞机在托运行李时给用户一定的优惠：免收费用中不足一元、一角或一分的金额。

8. 填写实验报告

实验编号：301   学生姓名：   实验时间：   教师签字：

实验效果评价	A	B	C	D	E
模板完成情况					
实验后练习效果评价	A	B	C	D	E
练习完成情况					
总评					

实验 2   自动售货机

1. 相关知识点

复合语句的形式是：

```
{
    若干语句
}
```

复合语句是一条语句。if 语句、if…else 语句中的 if 操作和 else 操作都是复合语句。由于复合语句由若干条语句构成，因此，在复合语句中就可以有各种语句，如可以有 if 语句、if…else 语句、switch 语句等。

2. 实验目的

本实验的目的是让学生掌握在 if…else 分支语句的 if 操作中使用 switch 语句。

3. 实验要求

自动售货机为客户提供各种饮料。饮料的价格有两种：2 元和 3 元。用户投入 2 元钱，可以选择"净净矿泉水""甜甜矿泉水"和"美美矿泉水"三者之一。用户投入 3 元钱，可以选择"爽口可乐""清凉雪碧"和"雪山果汁"三者之一。编写程序模拟用户向自动售货机投入钱币，得到一种饮料。

4. 程序效果示例

程序运行效果如图 3.2 所示。

5. 程序模板

请编译、运行模板给出的代码，然后完成实验后的练习。

投入金额:2或3元(按Enter键确认):3
选择爽口可乐(1),清凉雪碧(2)和雪山果汁(3)之一:
输入1,2或3:2
得到清凉雪碧

图 3.2　自动售货机

```java
//MachineSell.java
import java.util.Scanner;
public class MachineSell {
    public static void main(String args[]){
        int money;
        int drinkKind;
        System.out.printf("投入金额:2 或 3 元(按 Enter 键确认):");
        Scanner reader = new Scanner(System.in);
        money = reader.nextInt();
        if(money == 2) {
            System.out.printf("选择净净矿泉水(1),甜甜矿泉水(2)和美美矿泉水(3)之一:\n");
            System.out.printf("输入 1,2 或 3:");
            drinkKind = reader.nextInt();
            switch(drinkKind) {
                case 1 : System.out.printf("得到净净矿泉水\n");
                        break;
                case 2 : System.out.printf("得到甜甜矿泉水\n");
                        break;
                case 3 : System.out.printf("得到美美矿泉水\n");
                        break;
                default: System.out.printf("选择错误");
            }
        }
        else if(money == 3) {
            System.out.printf("选择爽口可乐(1),清凉雪碧(2)和雪山果汁(3)之一:\n");
            System.out.printf("输入 1,2 或 3:");
            drinkKind = reader.nextInt();
            switch(drinkKind) {
                case 1 : System.out.printf("得到爽口可乐\n");
                        break;
                case 2 : System.out.printf("得到清凉雪碧\n");
                        break;
                case 3 : System.out.printf("得到雪山果汁\n");
                        break;
                default: System.out.printf("选择错误");
            }
        }
```

```
        else {
            System.out.printf("输入的钱币不符合要求");
        }
    }
}
```

6. 实验指导

switch 语句中"表达式"的值可以为 byte、short、int、char 型或枚举类型；case 后的"常量值 1"到"常量值 n"也是 byte、short、int、char 型或枚举类型常量，而且互不相同。

7. 实验后的练习

改进自动售货机。使得用户也可以投入 5 元钱，选择"草原奶茶""青青咖啡"和"甜美酸奶"三者之一。

8. 填写实验报告

实验编号：302　　学生姓名：　　　　实验时间：　　　　　教师签字：

实验效果评价	A	B	C	D	E
模板完成情况					
实验后练习效果评价	A	B	C	D	E
练习完成情况					
总评					

实验 3　猜数字游戏

1. 相关知识点

循环是控制结构语句中的最重要的语句之一，循环语句是根据条件反复执行同一代码块。循环语句有下列两种。

1) while 循环

while 语句的一般格式：

```
while(表达式){
    若干语句                          //该复合语句称为循环体
}
```

while 语句的执行规则如下：

（1）计算表达式的值，如果该值是 true 时，就执行（2），否则执行（3）。

（2）执行循环体，再执行（1）。

（3）结束 while 语句的执行。

2) for 循环

for 语句的一般格式：

```
for (表达式 1; 表达式 2; 表达式 3) {
    若干语句                          //该复合语句称为循环体
}
```

for 语句的执行规则如下：

运算符、表达式与语句

(1) 计算"表达式 1",完成必要的初始化工作。

(2) 判断"表达式 2"的值,若"表达式 2"的值为 true,则执行(3),否则执行(4)。

(3) 执行循环体,然后计算"表达式 3",以便改变循环条件,执行(2)。

(4) 结束 for 语句的执行。

2. 实验目的

本实验的目的是让学生使用 if…else 分支和 while 循环语句解决问题。

3. 实验要求

编写一个 Java 应用程序,在主类的 main 方法中实现下列功能:

- 程序随机分配给客户一个 1～100 的整数。
- 用户输入自己的猜测。
- 程序返回提示信息,提示信息分别是"猜大了""猜小了"或"猜对了"。
- 用户可根据提示信息再次输入猜测,直到提示信息是"猜对了"。

4. 程序效果示例

程序运行效果如图 3.3 所示。

```
给你一个1～100的整数,请猜测这个数
输入您的猜测:50
猜大了,再输入你的猜测:25
猜小了,再输入你的猜测:36
猜大了,再输入你的猜测:30
猜大了,再输入你的猜测:27
猜大了,再输入你的猜测:26
猜对了!
```

图 3.3　猜数字游戏

5. 程序模板

按模板要求,将【代码】部分替换为 Java 程序代码。

```java
//GuessNumber.java
import java.util.Scanner;
import java.util.Random;
public class GuessNumber {
    public static void main (String args[]) {
        Scanner reader = new Scanner(System.in);
        Random random = new Random();
        System.out.println("给你一个 1～100 的整数,请猜测这个数");
        int realNumber = random.nextInt(100) + 1;//random.nextInt(100)是[0,100)中的随机整数
        int yourGuess = 0;
        System.out.print("输入您的猜测:");
        yourGuess = reader.nextInt();
        while(【代码 1】)                     //循环条件
        {
           if(【代码 2】)                     //猜大了的条件代码
           {
               System.out.print("猜大了,再输入你的猜测:");
               yourGuess = reader.nextInt();
           }
           else if(【代码 3】)                //猜小了的条件代码
           {
               System.out.print("猜小了,再输入你的猜测:");
               yourGuess = reader.nextInt();
           }
        }
        System.out.println("猜对了!");
    }
}
```

6. 实验指导

经常使用 while 循环"强迫"程序重复执行一段代码，【代码 1】必须是值为 boolean 型数据的表达式，只要【代码 1】的值为 true，就让用户继续输入猜测。只要用户的输入能使得循环语句结束，就说明用户已经猜对了。

7. 实验后的练习

用 yourGuess > realNumber 替换【代码 1】可以吗？语句"System. out. println("猜对了!");"为何要放在 while 循环语句之后？放在 while 语句的循环体中合理吗？

8. 填写实验报告

实验编号：303　　学生姓名：　　　　　实验时间：　　　　　教师签字：

实验效果评价	A	B	C	D	E
模板完成情况					
实验后练习效果评价	A	B	C	D	E
练习完成情况					
总评					

实 验 答 案

实验 1

【代码 1】　charge ＝ (int)weight * trainCharge;

【代码 2】　charge ＝ (int)(weight＋0. 5) * carCharge;

【代码 3】　charge ＝ (int)(weight * 1000＋0. 5) * planeCharge;

实验 2

【代码 1】　yourGuess!＝realNumber;

【代码 2】　yourGuess > realNumber;

【代码 3】　yourGuess < realNumber;

运算符、表达式与语句

第4章　类与对象

实验 1　Tank 类

1. 相关知识点

类是 Java 中最重要的数据类型。类的目的是抽象出一类事物的共有属性和行为,即抽象出数据以及在数据上所进行的操作。类的类体由两部分组成:变量的声明和方法的定义,其中的构造方法(方法名与类名相同,无类型)用于创建对象,其他的方法供该类创建的对象调用,如图 4.1 所示。

抽象的目的是产生类,而类的目的是创建具有属性和行为的对象。使用 new 运算符和类的构造方法为声明的对象分配变量,即创建对象。对象不仅可以操作自己的变量改变状态,而且能调用类中的方法产生一定的行为。通过使用运算符".",对象可以实现对自己的变量访问和方法的调用。

Java 程序以类为"基本单位",即一个 Java 程序就是由若干类所构成。一个 Java 程序可以将它使用的各个类分别存放在不同的源文件中,也可以将它使用的类存放在一个源文件中。因此,要学习 Java 编程就必须学会怎样去写类,即怎样用 Java 的语法去描述一类事物共有的属性和行为。

2. 实验目的

本实验的目的是让学生使用类来封装对象的属性和行为。

3. 实验要求

编写一个 Java 应用程序,该程序中有两个类:Tank(用于刻画坦克)和 Fight(主类)。具体要求如下:

(1) Tank 类有一个 double 类型的变量 speed,用于刻画坦克的速度;一个 int 型变量 bulletAmount,用于刻画坦克的炮弹数量。Tank 类定义了 speedUp() 和 speedDown() 方法,体现坦克有加速、减速行为;定义了 setBulletAmount(int p) 方法,用于设置坦克炮弹的数量;定义了 fire() 方法,体现坦克有开炮行为。Tank 类的 UML 图如图 4.2 所示。

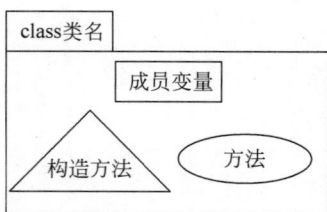

图 4.1　类的基本结构

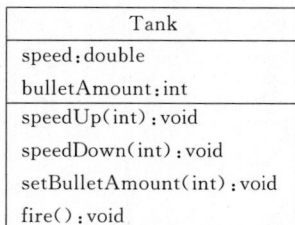

图 4.2　Tank 类的 UML 图

（2）在主类 Fight 的 main 方法中用 Tank 类创建坦克，并让坦克调用方法设置炮弹的数量，显示坦克的加速、减速和开炮等行为。

4. 程序效果示例

程序运行效果如图 4.3 所示。

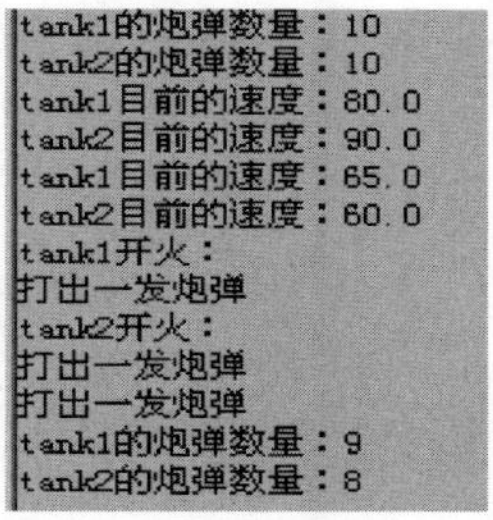

5. 程序模板

按模板要求，将【代码】部分替换为 Java 程序代码。

```
//Tank.java
public class Tank {
        【代码 1】//声明 double 型变量 speed,刻画速度
        【代码 2】//声明 int 型变量 bulletAmount,刻画炮弹数量
        void speedUp(int s) {
            【代码 3】   //将 s + speed 赋值给 speed
        }
        void speedDown(int d) {
            if(speed - d >= 0)
              【代码 4】   //将 speed - d 赋值给 speed
            else
              speed = 0;
        }
        void setBulletAmount(int m) {
            bulletAmount = m;
        }
        int getBulletAmount() {
            return bulletAmount;
        }
        double getSpeed() {
            return speed;
        }
        void fire() {
            if(bulletAmount >= 1){
                【代码 5】   //将 bulletAmount - 1 赋值给 bulletAmount
                System.out.println("打出一发炮弹");
            }
            else {
                System.out.println("没有炮弹了,无法开火");
            }
        }
    }
//Fight.java
public class Fight {
    public static void main(String args[]) {
        Tank tank1,tank2;
        tank1 = new Tank();
        tank2 = new Tank();
        tank1.setBulletAmount(10);
        tank2.setBulletAmount(10);
        System.out.println("tank1 的炮弹数量: " + tank1.getBulletAmount());
        System.out.println("tank2 的炮弹数量: " + tank2.getBulletAmount());
```

```
tank1的炮弹数量：10
tank2的炮弹数量：10
tank1目前的速度：80.0
tank2目前的速度：90.0
tank1目前的速度：65.0
tank2目前的速度：60.0
tank1开火：
打出一发炮弹
tank2开火：
打出一发炮弹
打出一发炮弹
tank1的炮弹数量：9
tank2的炮弹数量：8
```

图 4.3　Tank 类创建对象

```
tank1.speedUp(80);
tank2.speedUp(90);
System.out.println("tank1 目前的速度: " + tank1.getSpeed());
System.out.println("tank2 目前的速度: " + tank2.getSpeed());
tank1.speedDown(15);
tank2.speedDown(30);
System.out.println("tank1 目前的速度: " + tank1.getSpeed());
System.out.println("tank2 目前的速度: " + tank2.getSpeed());
System.out.println("tank1 开火: ");
tank1.fire();
System.out.println("tank2 开火: ");
tank2.fire();
tank2.fire();
System.out.println("tank1 的炮弹数量: " + tank1.getBulletAmount());
System.out.println("tank2 的炮弹数量: " + tank2.getBulletAmount());
    }
}
```

6. 实验指导

创建一个对象时,成员变量被分配内存空间,这些内存空间称为该对象的实体或变量,而对象中存放着引用,以确保这些变量由该对象操作使用。需要注意的是,没有被创建的对象是空对象,那么不能让一个空对象去调用方法产生行为。假如程序中使用了空对象,在运行时会出现 NullPointerException 异常。对象是动态的分配实体,Java 的编译器对空对象不做检查。因此,在编写程序时要避免使用空对象。

7. 实验后的练习

(1) 改进 speedUP 方法,使得 Tank 类的对象加速时 speed 值不能超过 220。

(2) 增加一个刹车方法 void brake(),Tank 类的对象调用它能将 speed 的值变成 0。

8. 填写实验报告

实验编号:401　　　学生姓名:　　　　　实验时间:　　　　　教师签字:

实验效果评价	A	B	C	D	E
模板完成情况					
实验后练习效果评价	A	B	C	D	E
练习完成情况					
总评					

实验 2　计算机与 CD

1. 相关知识点

类的成员变量可以是某个类的对象,如果用这样的类创建对象,那么该对象中就会有其他对象,也就是说该类的对象将其他对象作为自己的组成部分,这就是人们常说的 Has-A。一个对象 a 通过组合对象 b 来复用对象 b 的方法,即对象 a 委托对象 b 调用其方法。当前对象随时可以更换所组合对象,使得当前对象与所组合的对象是弱耦合关系。

2. 实验目的

本实验的目的是让学生掌握对象的组合以及参数传递。

3. 实验要求

编写一个 Java 应用程序,模拟在计算机中放入 CD,即计算机将 CD 类型的对象作为自己的一个成员变量。具体要求如下。

(1) 有 3 个源文件:Computer.java、CD.java 和 User.java。其中,CD.java 中的 CD 类负责创建光盘对象;Computer.java 中的 Computer 类有类型是 CD、名字是 includeCD 的成员变量,Computer 类负责创建计算机对象;User.java 是主类。

(2) 在主类的 main 方法中首先使用 CD 类创建一个对象 dataCD,然后使用 Computer 类再创建一个对象 computerIMB,computerIMB 对象将 CD 类的实例 dataCD 的引用传递给 computerIMB 对象的成员变量 includeCD。

Computer 类组合 CD 类的实例的 UML 图如图 4.4 所示。

4. 程序效果示例

程序运行效果如图 4.5 所示。

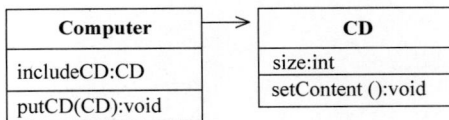

图 4.4 Computer 类组合 CD 类的 UML 图

图 4.5 计算机与 CD

5. 程序模板

按模板要求,将【代码】部分替换为 Java 程序代码。

```
//CD.java
public class CD {
    int size;
    int content[];
    public void setSize(int size) {
        this.size = size;
        content = new int[size];
    }
    public int getSize() {
        return size;
    }
    public int [] getContent() {
        return content;
    }
    public void setContent(int [] b) {
        int min = Math.min(content.length, b.length);
        for(int i = 0; i < min; i++)
            content[i] = b[i];
    }
}
//Computer.java
```

```java
public class Computer {
    int data[];
    CD includeCD;
    public void putCD(CD cd) {
        includeCD = cd;
        int size = includeCD.getSize();
        data = new   int[size];
    }
    void copyToComputer() {
        int [] b = includeCD.getContent();
        int min = Math.min(data.length,b.length);
        for(int i = 0;i < min;i++) {
            data[i] = b[i];
        }
    }
    public void addData(int m) {
        for(int i = 0;i < data.length;i++) {
            data[i] = data[i] + m;
        }
    }
    void copyToCD() {
        includeCD.setContent(data);
    }
    void showData() {
        for(int i = 0;i < data.length;i++) {
            System.out.printf(" %3d",data[i]);
        }
    }
}
//User.java
public class User {
    public static void main(String args[]) {
        CD dataCD = new CD();
        int b[] = {1,2,3,4,5,6,7,8};
        dataCD.setSize(b.length);
        dataCD.setContent(b);
        int a[] = dataCD.getContent();
        System.out.println("dataCD 上的内容: ");
        for(int i = 0;i < a.length;i++)
            System.out.printf(" %3d",a[i]);
        Computer computerIMB = new Computer();
        【代码 1】//computerIMB 调用 putCD(CD cd)方法,将 dataCD 的引用传递给 cd
        System.out.println("\n 将 dataCD 的数据复制到计算机:computerIMB.");
        【代码 2】//computerIMB 调用 copyToComputer()方法
        System.out.println("computerIMB 上的内容: ");
        computerIMB.showData();
        int m = 12;
        System.out.println("\ncomputerIMB 将每个数据增加" + m);
        computerIMB.addData(m);
        System.out.println("computerIMB 将增值后的数据复制到 CD:dataCD");
        【代码 3】//computerIMB 调用 copyToCD()方法
```

```
            System.out.println("dataCD 上的内容：");
            a = dataCD.getContent();
            for(int i = 0;i < a.length;i++)
                System.out.printf("% 3d",a[i]);
        }
    }
```

6. 实验指导

当参数是引用类型时，"传值"传递的是变量中存放的"引用"，而不是变量所引用的实体。需要注意的是，对于两个同类型引用型变量，如果具有同样的引用，就会用同样的实体，因此，如果改变参数变量所引用的实体，就会导致原变量的实体发生同样的变化。通过组合对象来复用方法也称"黑盒"复用，因为当前对象只能委托所包含的对象调用其方法，这样一来，当前对象对所包含的对象的方法的细节是一无所知的。

7. 实验后的练习

主类中再增加一个 CD 的对象，然后将计算机中的数据（data 数组）复制到 CD 对象中。

8. 填写实验报告

实验编号：402　　　学生姓名：　　　　　实验时间：　　　　　　教师签字：

实验效果评价	A	B	C	D	E
模板完成情况					
实验后练习效果评价	A	B	C	D	E
练习完成情况					
总评					

实验 3　家族的姓氏

1. 相关知识点

类有两种基本的成员：变量和方法。变量用来刻画对象的属性；方法用来体现对象的行为（功能），即方法使用某种算法操作变量来实现一个具体的行为（功能）。

成员变量用来刻画类创建的对象的属性，其中一部分成员变量称为实例变量，另一部分成员变量称为静态变量或类变量。类变量是与类相关联的变量，而实例变量是仅仅和对象相关联的变量。不同对象的实例变量将被分配不同的内存空间，如果类中有类变量，那么所有对象的这个类变量都分配给相同的一处内存，改变其中一个对象的这个类变量会影响其他对象的这个类变量。也就是说，对象共享类变量。

方法是类体的重要成员之一。其中的构造方法是具有特殊地位的方法，供类创建对象时使用，用来给出类所创建的对象的初始状态；另一部分方法可分为实例方法和类方法，类所创建的对象可以调用这些方法形成一定的算法，体现对象具有某种行为。一个类的类方法也可以用该类的类名调用。

类中的方法可以操作成员变量，当对象调用方法时，方法中出现的成员变量就是指分配给该对象的变量，方法中出现的类变量也是该对象的变量，只不过这个变量和所有的其他对象共享而已。

实例方法可操作实例成员变量和静态成员变量,静态方法只能操作静态成员变量,如图 4.6 所示。

2. 实验目的

本实验的目的是让学生掌握类变量与实例变量,以及类方法与实例方法的区别。

3. 实验要求

编写程序模拟一个家庭成员的姓名,姓名由两部分构成:姓氏和名字。编写一个 FamilyPerson 类,该类有一个静态的 String 型成员变量 surname,用于存储姓氏;一个实例的 String 型成员变量 name,用于存储名字。在主类 MainClass 的 main 方法中首先用类名访问 surname,并为 surname 赋值,然后 FamilyPerson 创建 3 个对象:father、sonOne 和 sonTwo,并分别为 father、sonOne 和 sonTwo 的成员变量 name 赋值。

4. 程序效果示例

程序运行效果如图 4.7 所示。

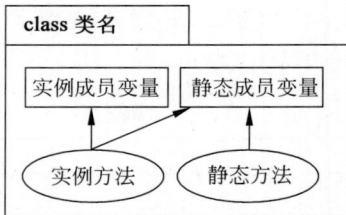

图 4.6 实例成员与静态成员

图 4.7 家庭成员的姓名

5. 程序模板

按模板要求,将【代码】部分替换为 Java 程序代码。

```
//FamilyPerson.java
public class FamilyPerson {
    static String surname;
    String name;
    public static void setSurname(String s){
        surname = s;
    }
    public void setName(String s) {
        name = s;
    }
}
```

```
//MainClass.java
public class MainClass {
    public static void main(String args[]) {
        【代码 1】//用类名 FamilyPerson 访问 surname,并为 surname 赋值"李"
        FamilyPerson father,sonOne,sonTwo;
        father = new  FamilyPerson();
        sonOne = new  FamilyPerson();
        sonTwo = new  FamilyPerson();
        【代码 2】//father 调用 setName(String s),并向 s 传递"向阳"
        sonOne.setName("抗日");
```

```
        sonTwo.setName("抗战");
        System.out.println("父亲:" + father.surname + father.name);
        System.out.println("大儿子:" + sonOne.surname + sonOne.name);
        System.out.println("二儿子:" + sonTwo.surname + sonTwo.name);
        【代码3】// father 调用 setSurName(String s),并向 s 传递"张"
        System.out.println("父亲:" + father.surname + father.name);
        System.out.println("大儿子:" + sonOne.surname + sonOne.name);
        System.out.println("二儿子:" + sonTwo.surname + sonTwo.name);
    }
}
```

6. 实验指导

当 Java 程序执行时,类的字节码文件被加载到内存,如果该类没有创建对象,类的实例变量不会被分配内存。但是,类中的类变量,在该类被加载到内存时,就分配了相应的内存空间。如果该类创建对象,那么不同对象的实例变量互不相同,即分配不同的内存空间,而类变量不再重新分配内存,所有的对象共享类变量。

7. 实验后的练习

(1)【代码3】是否可以是"FamilyPerson.setSurname("张");"?

(2)验证能否将主类中的代码

```
sonOne.setName("抗日");
```

修改为

```
FamilyPerson.setName("抗日");
```

8. 填写实验报告

实验编号:403　　学生姓名:　　　　实验时间:　　　　教师签字:

实验效果评价	A	B	C	D	E
模板完成情况					
实验后练习效果评价	A	B	C	D	E
练习完成情况					
总评					

实 验 答 案

实验1

【代码1】　double speed;

【代码2】　int bulletAmount;

【代码3】　speed＝s＋speed;

【代码4】　speed＝speed-d;

【代码5】　bulletAmount ＝ bulletAmount-1;

实验2

【代码1】　computerIMB.putCD(dataCD);

【代码 2】　computerIMB. copyToComputer()；

【代码 3】　computerIMB. copyToCD()；

实验 3

【代码 1】　FamilyPerson. surname＝"李"；

【代码 2】　father. setName("向阳")；

【代码 3】　father. setSurname("张")；

第5章 | 继承与接口

实验 1   子类与父类

1. 相关知识点

由继承得到的类称为子类,被继承的类称为父类(超类),Java 不支持多重继承,即子类只能有一个父类。人们习惯地称子类与父类的关系是 is-a 关系。

如果子类和父类在同一个包中,那么,子类自然地继承了父类中不是 private 的成员变量作为子类的成员变量,并且也自然地继承了父类中不是 private 的方法作为子类的方法,继承的成员变量或方法的访问权限保持不变。子类和父类不在同一个包中时,父类中的 private 和友好访问权限的成员变量不会被子类继承。也就是说,子类只继承父类中的 protected 和 public 访问权限的成员变量作为子类的成员变量;同样,子类只继承父类中的 protected 和 public 访问权限的方法作为子类的方法。

子类声明的成员变量的名字和从父类继承来的成员变量的名字相同时,将隐藏所继承的成员变量。方法重写是指:子类中定义一个方法,这个方法的类型和父类的方法的类型一致或者是父类的方法的类型的子类型,并且这个方法的名字、参数个数、参数的类型和父类的方法完全相同。子类如此定义的方法称为子类重写的方法。

子类继承的方法所操作的成员变量一定是被子类继承或隐藏的成员变量。重写方法既可以操作继承的成员变量、调用继承的方法,也可以操作子类新声明的成员变量、调用新定义的其他方法,但无法操作被子类隐藏的成员变量和方法。

2. 实验目的

本实验的目的是让学生巩固下列知识点:

- 子类的继承性;
- 子类对象的创建过程;
- 方法的继承与重写。

3. 实验要求

除主类外,程序中有 4 个类:People、ChinaPeople、AmericanPeople 和 ZhangFamily。要求如下:

(1) People 类有权限是 protected 的 double 型成员变量 height 和 weight,以及 public void speakHello()、public void averageHeight()和 public void averageWeight()方法。

(2) ChinaPeople 类是 People 的子类,新增了 public void chinaGongfu()方法。要求 ChinaPeople 重写父类的 public void speakHello()、public void averageHeight()和 public void averageWeight()方法。

（3）AmericanPeople 类是 People 的子类,新增 public void americanBoxing()方法。要求 AmericanPeople 重写父类的 public void speakHello()、public void averageHeight()和 public void averageWeight()方法。

（4）ZhangFamily 类是 ChinaPeople 的子类,新增 public void beijingOpera()方法。要求 ChinaPeople 重写父类的 public void speakHello()、public void averageHeight()和 public void averageWeight()方法。

4. 运行效果示例

程序运行效果如图 5.1 所示。

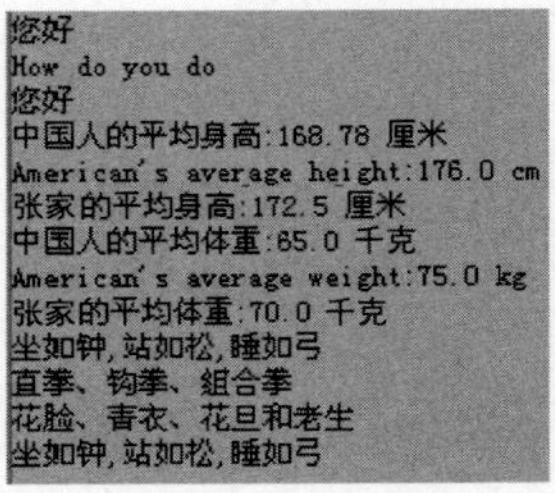

5. 程序模板

按模板要求,将【代码】部分替换为 Java 程序代码。

```java
//People.java
public class People {
    protected double weight,height;
    public void speakHello() {
        System.out.println("yayayaya");
    }
    public void averageHeight() {
        height = 173;
        System.out.println("average height:" + height);
    }
    public void averageWeight() {
        weight = 70;
        System.out.println("average weight:" + weight);
    }
}
```

图 5.1　成员的继承与重写

```java
//ChinaPeople.java
public class ChinaPeople extends People {
    public void speakHello() {
        System.out.println("您好");
    }
    public void averageHeight() {
        height = 168.78;
        System.out.println("中国人的平均身高:" + height + " 厘米");
    }
    【代码 1】 //重写 public void averageWeight()方法,输出"中国人的平均体重:65 千克"
    public void chinaGongfu() {
        System.out.println("坐如钟,站如松,睡如弓");
    }
}
```

```java
//AmericanPeople.java
public class AmericanPeople extends People {
    【代码 2】 //重写 public void speakHello()方法,输出"How do you do"
    【代码 3】 //重写 public void averageHeight()方法,输出"American's average height:176 cm"
    public void averageWeight() {
        weight = 75;
        System.out.println("American's average weight:" + weight + " kg");
    }
}
```

```
        public void americanBoxing() {
            System.out.println("直拳、勾拳、组合拳");
        }
    }
//ZhangFamily.java
public class ZhangFamily extends ChinaPeople {
    【代码 4】//重写 public void averageHeight()方法,输出"张家的平均身高:172.5 厘米"
    【代码 5】//重写 public void averageWeight()方法,输出"张家的平均体重:70 千克"
    public void beijingOpera() {
        System.out.println("花脸、青衣、花旦和老生");
    }
}
//Example.java
public class Example {
    public static void main(String args[]) {
        ChinaPeople chinaPeople = new ChinaPeople();
        AmericanPeople americanPeople = new AmericanPeople();
        ZhangFamily zhangFamily = new ZhangFamily();
        chinaPeople.speakHello();
        americanPeople.speakHello();
        zhangFamily.speakHello();
        chinaPeople.averageHeight();
        americanPeople.averageHeight();
        zhangFamily.averageHeight();
        chinaPeople.averageWeight();
        americanPeople.averageWeight();
        zhangFamily.averageWeight();
        chinaPeople.chinaGongfu();
        americanPeople.americanBoxing();
        zhangFamily.beijingOpera() ;
        zhangFamily.chinaGongfu();
    }
}
```

6. 实验指导

如果子类可以继承父类的方法,子类就有权利重写这个方法,子类通过重写父类的方法可以改变方法的具体行为。方法重写时一定要保证方法的名字、类型和参数个数、类型同父类的某个方法完全相同,只有这样,子类继承的这个方法才被隐藏。子类在重写方法时,不可以将实例方法更改为类方法,也不可以将类方法更改为实例方法。即如果重写的方法是static 方法,static 关键字必须保留;如果重写的方法是实例方法,重写时不可以用 static 修饰该方法。

7. 实验后的练习

People 类中的

```
public void speakHello()
public void averageHeight()
public void averageWeight()
```

3 个方法的方法体中的语句是否可以省略?

8. 填写实验报告

实验编号：501　　学生姓名：　　　　　实验时间：　　　　　教师签字：

实验效果评价	A	B	C	D	E
模板完成情况					
实验后练习效果评价	A	B	C	D	E
练习完成情况					
总评					

实验 2　银行与利息

1. 相关知识点

子类一旦隐藏了继承的成员变量，那么子类创建的对象就不再拥有该变量，该变量将归关键字 super 所拥有；同样，子类一旦重写了继承的方法，就覆盖（隐藏）了继承的方法，那么子类创建的对象就不能调用被覆盖（隐藏）的方法，该方法的调用由关键字 super 负责。因此，如果在子类中想使用被子类隐藏的成员变量或覆盖的方法，就需要使用关键字 super。例如 super.x、super.play()就是访问和调用被子类隐藏的成员变量 x 和方法 play()。

2. 实验目的

本实验的目的是让学生掌握重写的目的以及怎样使用 super 关键字。

3. 实验要求

假设银行 Bank 已经有了按整年 year 计算利息的一般方法，其中 year 只能取正整数。如按整年计算的方法：

```java
double computerInterest() {
    interest = year * 0.35 * savedMoney;
    return interest;
}
```

建设银行 ConstructionBank 是 Bank 的子类，准备隐藏继承的成员变量 year，并重写计算利息的方法，即 ConstructionBank 类声明一个 double 型的 year 变量，例如，当 year 取值是 5.216 时，表示要计算 5 年零 216 天的利息，但希望首先按银行 Bank 类的方法 computerInterest()计算出 5 整年的利息，然后 ConstructionBank 类再计算 216 天的利息。那么，ConstructionBank 类就必须把 5.216 的整数部分赋给隐藏的 year，并让 super 调用隐藏的、按整年计算利息的方法。

要求 ConstructionBank 和 BankOfDalian 类是 Bank 类的子类，ConstructionBank 和 BankOfDalian 都使用 super 调用隐藏的成员变量和方法。

4. 运行效果示例

程序运行效果如图 5.2 所示。

5. 程序模板

按模板要求，将【代码】部分替换为 Java 程序代码。

8000元存在建设银行8年零236天的利息：2428.800000元
8000元存在大连银行8年零236天的利息：2466.560000元
两个银行利息相差37.760000元

图 5.2　银行计算利息

```java
//Bank.java
public class Bank {
    int savedMoney;
    int year;
    double interest;
    double interestRate = 0.29;
    public double computerInterest() {
        interest = year * interestRate * savedMoney;
        return interest;
    }
    public void setInterestRate(double rate) {
        interestRate = rate;
    }
}
//ConstructionBank.java
public class ConstructionBank extends Bank {
    double year;
    public double computerInterest() {
        super.year = (int)year;
        double r = year - (int)year;
        int day = (int)(r * 1000);
        double yearInterest = 【代码1】 //super 调用隐藏的 computerInterest()方法
        double dayInterest = day * 0.0001 * savedMoney;
        interest = yearInterest + dayInterest;
        System.out.printf("%d 元存在建设银行%d 年零%d 天的利息:%f 元\n",
                            savedMoney, super.year, day, interest);
        return interest;
    }
}
//BankOfDalian.java
public class BankOfDalian extends Bank {
    double year;
    public double computerInterest() {
        super.year = (int)year;
        double r = year - (int)year;
        int day = (int)(r * 1000);
        double yearInterest = 【代码2】// super 调用隐藏的 computerInterest()方法
        double dayInterest = day * 0.00012 * savedMoney;
        interest = yearInterest + dayInterest;
        System.out.printf("%d 元存在大连银行%d 年零%d 天的利息:%f 元\n",
                            savedMoney, super.year, day, interest);
        return interest;
    }
}
//SaveMoney.java
public class SaveMoney {
    public static void main(String args[]) {
        int amount = 8000;
```

```
ConstructionBank bank1 = new ConstructionBank();
bank1.savedMoney = amount;
bank1.year = 8.236;
bank1.setInterestRate(0.035);
double interest1 = bank1.computerInterest();
BankOfDalian bank2 = new BankOfDalian();
bank2.savedMoney = amount;
bank2.year = 8.236;
bank2.setInterestRate(0.035);
double interest2 = bank2.computerInterest();
System.out.printf("两个银行利息相差％f 元\n",interest2 - interest1);
    }
}
```

6. 实验指导

当 super 调用被隐藏的方法时,该方法中出现的成员变量是被子类隐藏的成员变量或继承的成员变量。子类不继承父类的构造方法,因此,子类在其构造方法中需使用 super 来调用父类的构造方法,而且 super 必须是子类构造方法中的头一条语句,即如果在子类的构造方法中,没有明显地写出 super 关键字来调用父类的某个构造方法,那么默认有"super();"。类中定义多个构造方法时,建议包括一个不带参数的构造方法,以便子类可以省略"super();"。

7. 实验后的练习

参照建设银行或大连银行,再编写一个商业银行,让程序输出 8000 元存在商业银行 8 年零 236 天的利息。

8. 填写实验报告

实验编号:502　　　学生姓名:　　　　　实验时间:　　　　　　教师签字:

实验效果评价	A	B	C	D	E
模板完成情况					
实验后练习效果评价	A	B	C	D	E
练习完成情况					
总评					

实 验 3　面 积 之 和

1. 相关知识点

假设 B 是 A 的子类或间接子类,当用子类 B 创建一个对象,并把这个对象的引用放到 A 类声明的对象中时,例如:

```
A a;
a = new B();
```

或

```
A a;
B b = new B();
a = b;
```

那么就称对象 a 是子类对象 b 的上转型对象。上转型对象不能操作子类声明定义的成员变量(失掉了这部分属性),不能使用子类定义的方法(失掉了一些行为)。上转型对象可以操作子类继承的成员变量和隐藏的成员变量,也可以使用子类继承的或重写的方法。上转型对象操作子类继承或重写的方法时,就是通知对应的子类对象去调用这些方法。因此,如果子类重写了父类的某个方法后,对象的上转型对象调用这个方法时,一定是调用了这个重写的方法。上转型对象不能操作子类新增的方法和成员变量。可以将对象的上转型对象再强制转换到一个子类对象,这时,该子类对象又具备了子类的所有属性和功能。

2. 实验目的

本实验的目的是让学生掌握上转型对象的使用,理解不同对象的上转型对象调用同一方法可能产生不同的行为,即理解上转型对象在调用方法时可能具有多种形态(多态)。

3. 实验要求

(1)编写一个 abstract 类,类名为 Geometry,该类有一个 abstract 方法:

```
public abstract getArea();
```

(2)编写 TotalArea 类,该类用 Geometry 对象数组 tuxing 作为成员,以便计算各种图形的面积之和。Geometry 类中定义一个 public double computerTotalArea()方法,该方法返回 tuxing 的元素调用 getArea()方法返回的面积之和。

(3)在主类 MainClass 的 main 方法中创建一个 TotalArea 对象,让该对象计算若干矩形和圆的面积之和。

4. 运行效果示例

程序运行效果如图 5.3 所示。

各种图形的面积之和:
58778.360000

图 5.3　图形的面积之和

5. 程序模板

按模板要求,将【代码】部分替换为 Java 程序代码。

```
//Geometry.java
public abstract class Geometry{
    public abstract double getArea();
}
//TotalArea.java
public class TotalArea {
  Geometry[] tuxing;
  double totalArea = 0;
  public void setTuxing(Geometry[] t) {
      tuxing = t;
  }
  public double computerTotalArea() {
      【代码】//用循环语句让 tuxing 的元素调用 getArea 方法,并将返回的值累加到 totalArea
      return totalArea;
  }
}
```

继承与接口

```
//Rect.java
public class Rect extends Geometry {
    double a,b;
    Rect(double a,double b) {
        this.a = a;
        this.b = b;
    }
    【代码 1】 //重写 getArea()方法
}
```

```
//Circle.java
public class Circle extends Geometry {
    double r;
    Circle(double r) {
        this.r = r;
    }
    【代码 2】 //重写 getArea()方法
}
```

```
//MainClass.java
public class MainClass{
    public static void main(String args[]) {
        Geometry [] tuxing = new Geometry[29];    //有 29 个 Geometry 对象
        for(int i = 0;i < tuxing.length;i++) {    //29 个 Geometry 对象分成两类
            if(i % 2 == 0)
                tuxing[i] = new Rect(16 + i,68);
            else if(i % 2 == 1)
                tuxing[i] = new Circle(10 + i);
        }
        TotalArea computer = new TotalArea();
        computer.setTuxing(tuxing);
        System.out.printf("各种图形的面积之和:\n % f",computer.computerTotalArea());
    }
}
```

6. 实验指导

尽管 abstract 类不能创建对象,但 abstract 类声明的对象可以存放子类对象的引用,即成为子类对象的上转型对象。由于 abstract 类可以有 abstract()方法,这样就保证子类必须重写这些 abstract()方法。由于数组 tuxing 的每个单元都是某个子类对象的上转型对象,实验中的【代码】可以通过循环语句让数组 tuxing 的每个单元调用 getArea()方法,并将该方法返回的值累加到 totalArea,如下所示:

```
for(int i = 0;i < tuxing.length;i++) {
    totalArea = totalArea + tuxing[i].getArea();
}
```

7. 实验后的练习

再增加一种几何图形,例如梯形,并让主类中 tuxing 的某些元素是梯形的上转型对象。

8. 填写实验报告

实验编号：503　　学生姓名：　　　　　实验时间：　　　　　教师签字：

实验效果评价	A	B	C	D	E
模板完成情况					
实验后练习效果评价	A	B	C	D	E
练习完成情况					
总评					

实验 4　歌 手 大 赛

1. 相关知识点

接口体中有常量的声明(没有变量)和抽象方法声明,而且接口体中所有的常量的访问权限一定都是 public(允许省略 public、final 修饰符),所有的抽象方法的访问权限一定都是 public(允许省略 public、abstract 修饰符)。

类实现接口,以便绑定接口中的方法。一个类可以实现多个接口,类通过使用关键字 implements 声明自己实现一个或多个接口。如果一个非抽象类实现了某个接口,那么这个类必须重写该接口的所有方法。

2. 实验目的

本实验的目的是让学生掌握类怎样实现接口。

3. 实验要求

歌手大赛计算选手成绩的方法是去掉一个最高分和一个最低分后再计算平均分,而学校评估一个班级的学生的体重时,是计算全班同学的平均体重。SongGame 类和 School 类都实现了 ComputerAverage 接口,但实现的方式不同。

4. 运行效果示例

程序运行效果如图 5.4 所示。

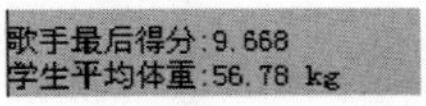

歌手最后得分:9.668
学生平均体重:56.78 kg

图 5.4　成绩和体重

5. 程序模板

按模板要求,将【代码】部分替换为 Java 程序代码。

```java
//ComputerAverage.java
public interface ComputerAverage {          //接口
    public double average(double x[]);
}
//SongGame.java
public class SongGame implements ComputerAverage {
    public double average(double x[]) {
        int count = x.length;
        double aver = 0,temp = 0;
        for(int i = 0;i < count;i++) {
            for(int j = i;j < count;j++) {
                if(x[j]< x[i]) {
                    temp = x[j];
                    x[j] = x[i];
```

```
                        x[i] = temp;
                    }
                }
            }
        for( int i = 1; i < count - 1; i++) {
            aver = aver + x[i];
        }
        if(count > 2)
            aver = aver/(count - 2);
        else
            aver = 0;
        return aver;
    }
}
```

//School.java
```
public class School implements ComputerAverage {
    【代码 1】//重写 public double average(double x[ ])方法,返回数组 x[ ]的元素的算术平均值
}
```

//Estimator.java
```
public class Estimator{        //主类
    public static void main(String args[]) {
        double a[ ] = {9.89,9.88,9.99,9.12,9.69,9.76,8.97};
        double b[ ] = {56,55.5,65,50,51.5,53.6,70,49,66,62,46};
        ComputerAverage computer;
        computer = new SongGame();
        double result =【代码 2】//computer 调用 average(double x[ ])方法,将数组 a 传递给参数 x
        System.out.printf(" % n");
        System.out.printf("歌手最后得分: % 5.3f\n",result);
        computer = new School();
        result =【代码 3】//computer 调用 average(double x[ ])方法,将数组 b 传递给参数 x
        System.out.printf("学生平均体重: % - 5.2f kg",result);
    }
}
```

6. 实验指导

可以把实现某一接口的类创建的对象的引用赋给该接口声明的接口变量中,那么该接口变量就可以调用被类实现的接口方法。接口产生的多态就是指不同类在实现同一个接口时可能具有不同的实现方式。

7. 实验后的练习

School 类如果不重写 public double average(double x[ ])方法,程序编译时提示怎样的错误?

8. 填写实验报告

实验编号:504   学生姓名: 实验时间: 教师签字:

实验效果评价	A	B	C	D	E
模板完成情况					
实验后练习效果评价	A	B	C	D	E
练习完成情况					
总评					

实验 5 天 气 预 报

1. 相关知识点

在设计程序时,经常会使用接口,其原因是:接口只关心操作,但不关心这些操作具体实现的细节,可以使程序的设计者把主要精力放在程序的设计上,而不必拘泥于细节的实现(细节留给接口的实现者),即避免设计者把大量的时间和精力花费在具体的算法上。

使用接口进行程序设计的核心技术之一是使用接口回调,即将实现接口的类的对象的引用放到接口变量中,那么这个接口变量就可以调用类实现的接口方法。

面向接口编程,是指当设计某种重要的类时,不让该类面向具体的类,而是面向接口,即所设计类中的重要数据是接口声明的变量,而不是具体类声明的对象。

2. 实验目的

本实验的目的是让学生掌握面向接口编程思想。

3. 实验要求

天气可能出现不同的状态,要求用接口封装天气的状态。具体要求如下。

(1) 编写一个接口 WeatherState,该接口有一个名为 void showState()的方法。

(2) 编写 Weather 类,该类中有一个 WeatherState 接口声明的变量 state。另外,该类有一个 show()方法,在该方法中让接口 state 回调 showState()方法。

(3) 编写若干实现 WeatherState 接口的类,负责刻画天气的各种状态。

(4) 编写主类,在主类中进行天气预报。

4. 运行效果示例

程序运行效果如图 5.5 所示。

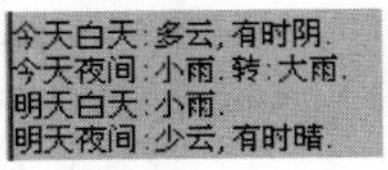

5. 程序模板

按模板要求,将【代码】部分替换为 Java 程序代码。

今天白天:多云,有时阴.
今天夜间:小雨.转:大雨.
明天白天:小雨.
明天夜间:少云,有时晴.

图 5.5 天气预报

```java
//WeatherState.java
public interface WeatherState {              //接口
    public void showState();
}
//Weather.java
public class Weather {
    WeatherState state;
    public void show() {
        state.showState();
    }
    public void setState(WeatherState s) {
        state = s;
    }
}
//WeatherForecast.java
public class WeatherForecast {                    //主类
    public static void main(String args[]) {
        Weather weatherBeijing = new Weather();
        System.out.print("\n 今天白天:");
```

第5章

继承与接口

```
        weatherBeijing.setState(new CloudyDayState());
        weatherBeijing.show();
        System.out.print("\n 今天夜间:");
        weatherBeijing.setState(new LightRainState());
        weatherBeijing.show();
        System.out.print("转:");
        weatherBeijing.setState(new HeavyRainState());
        weatherBeijing.show();
        System.out.print("\n 明天白天:");
        weatherBeijing.setState(new LightRainState());
        weatherBeijing.show();
        System.out.print("\n 明天夜间:");
        weatherBeijing.setState(new CloudyLittleState());
        weatherBeijing.show();
    }
}
//CloudyLittleState.java
public class CloudyLittleState implements WeatherState {
    public void showState() {
        System.out.print("少云,有时晴.");
    }
}
//CloudyDayState.java
public class CloudyDayState implements WeatherState {
    【代码 1】                          //重写 public void showState()方法
}
//HeavyRainState.java
public class HeavyRainState implements WeatherState{
    【代码 2】                          //重写 public void showState()方法
}
//LightRainState.java
public class LightRainState implements WeatherState {
    【代码 3】                          //重写 public void showState()方法
}
```

6. 实验指导

当增加一个实现 WeatherState 接口的类后,Weather 类不需要进行修改。

7. 实验后的练习

用面向接口的思想编写程序,模拟水杯中的水在不同温度下可能出现的状态。

8. 填写实验报告

实验编号:505　　　学生姓名:　　　　实验时间:　　　　　教师签字:

实验效果评价	A	B	C	D	E
模板完成情况					
实验后练习效果评价	A	B	C	D	E
练习完成情况					
总评					

实 验 答 案

实验 1

【代码 1】

```java
public void averageWeight() {
    weight = 65;
    System.out.println("中国人的平均体重:" + weight + " 千克");
}
```

【代码 2】

```java
public void speakHello() {
    System.out.println("How do you do");
}
```

【代码 3】

```java
public void averageHeight() {
    height = 176;
    System.out.println("American's average height:" + height + " cm");
}
```

【代码 4】

```java
public void averageHeight() {
    height = 172.5;
    System.out.println("北京人的平均身高:" + height + " 厘米");
}
```

【代码 5】

```java
public void averageWeight() {
    weight = 70;
    System.out.println("北京人的平均体重:" + weight + " 千克");
}
```

实验 2

【代码 1】super.computerInterest();

【代码 2】super.computerInterest();

实验 3

【代码 1】

```java
public double getArea() {                    //【代码 1】重写 getArea()方法
    return a * b;
}
```

【代码 2】

```java
public double getArea() {
```

39

第 5 章

继承与接口

```
        return(3.14 * r * r);
    }
```

【代码】

```
for(int i = 0;i < tuxing.length;i++) {
    totalArea = totalArea + tuxing[i].getArea();
}
```

实验 4
【代码 1】

```
public double average(double x[]) {
        int count = x.length;
        double aver = 0;
        for(int i = 0;i < count;i++) {
            aver = aver + x[i];
        }
        aver = aver/count;
        return aver;
}
```

【代码 2】computer.average(a);
【代码 3】computer.average(b);

实验 5
【代码 1】

```
public void showState() {
    System.out.print("多云,有时阴.");
}
```

【代码 2】

```
public void showState() {
    System.out.print("大雨.");
}
```

【代码 3】

```
public void showState() {
    System.out.print("小雨.");
}
```

第6章　内部类与异常类

实验1　校 内 报 纸

1. 相关知识点

Java 支持在一个类中声明另一个类,这样的类称为内部类,而包含内部类的类称为内部类的外嵌类。内部类的外嵌类的成员变量在内部类中仍然有效,内部类中的方法也可以调用外嵌类中的方法。JDK 17 之前版本,内部类的类体中不可以声明类变量和类方法。内部类仅供它的外嵌类使用,其他类不能用某个类的内部类声明对象。

2. 实验目的

本实验的目的是让学生掌握内部类的用法。

3. 实验要求

某学校创办校内报纸,但不希望其他学校创办这样的报纸,那么该学校就可以将创办报纸的类作为自己的内部类。编写一个 School 类(模拟学校),School 中定义名字为 InnerNewspaper的内部类(模拟内部报纸)。

4. 运行效果示例

程序运行效果如图 6.1 所示。

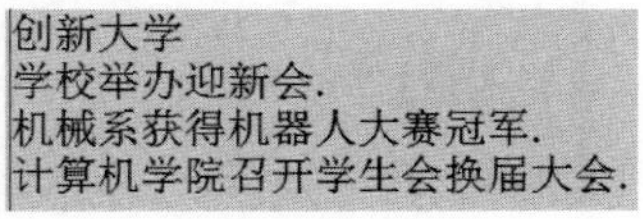

创新大学
学校举办迎新会.
机械系获得机器人大赛冠军.
计算机学院召开学生会换届大会.

图 6.1　校内报纸

5. 程序模板

请按模板要求,将【代码】替换为 Java 程序代码。

```java
//School.java
public class School {
    String schoolName;
    【代码1】                          //内部类声明对象 newspaper
    School() {
        this("某某大学");              //调用带参数的构造方法
    }
    School(String s) {
        【代码2】                      //创建对象 newspaper
        String [] content = {"学校举办迎新会.", "机械系获得机器人大赛冠军.",
                        "计算机学院召开学生会换届大会."};
        schoolName = s;
        newspaper.setContent(content);
    }
    public void showNews(){
        newspaper.showContent();
    }
}
```

```java
class InnerNewspaper {
    String [] content;
    String paperName = "校新闻周报";
    void setContent(String []s){
        content = s;
    }
    public void showContent(){
        System.out.println(schoolName);
        for(int i = 0;i < content.length;i++){
            System.out.println(content[i]);
        }
    }
}
```

//MainClass.java
```java
public class MainClass {
    public static void main(String args[]) {
        School school = new School("创新大学");
        school.showNews();
    }
}
```

6. 实验指导

静态(static)内部类不可以操作外嵌类中的实例成员。内部类可以限制其他类用这个内部类实例化对象。

7. 实验后的练习

参照本实验,用内部类模拟一个实际问题(如商场的内部购物券)。

8. 填写实验报告

实验编号:601　　学生姓名:　　　　实验时间:　　　　　　教师签字:

实验效果评价	A	B	C	D	E
模板完成情况					
实验后练习效果评价	A	B	C	D	E
练习完成情况					
总评					

实验 2　检查危险品

1. 相关知识点

Java 使用 try…catch 语句来处理异常,将可能出现的异常操作放在 try…catch 语句的 try 部分,一旦 try 部分抛出异常对象,例如,调用某个抛出异常的方法抛出了异常对象,则 try 部分将立刻结束执行,转向执行相应的 catch 部分。

2. 实验目的

本实验的目的是让学生掌握使用 try…catch 语句。

3. 实验要求

车站检查危险品的设备，如果发现危险品会发出警告。编程模拟设备发现危险品。

编写一个 Exception 的子类 DangerException，该子类可以创建异常对象，该异常对象调用 toShow()方法输出"危险品"。

编写一个 Machine 类，该类的方法 checkBag(Goods goods)当发现参数 goods 是危险品时(goods 的 isDanger 属性是 true)，将抛出 DangerException 异常对象。

程序在主类的 main 方法中的 try…catch 语句的 try 部分让 Machine 类的实例调用 checkBag(Goods goods)方法，如果发现危险品就在 try…catch 语句的 catch 部分处理危险品。

4. 运行效果示例

程序运行效果如图 6.2 所示。

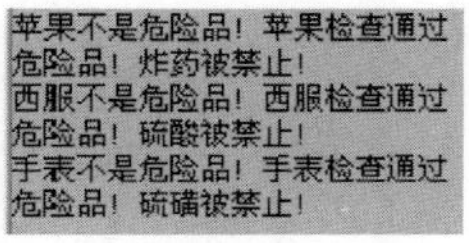

图 6.2　检查危险品

5. 程序模板

按模板要求，将【代码】部分替换为 Java 程序代码。

```
//Goods.java
public class Goods {
    boolean isDanger;
    String name;
    public void setIsDanger(boolean boo) {
        isDanger = boo;
    }
    public boolean isDanger() {
        return isDanger;
    }
    public void setName(String s) {
        name = s;
    }
    public String getName() {
        return name;
    }
}
//DangerException.java
public class DangerException extends Exception {
    String message;
    public DangerException() {
        message = "危险品!";
    }
    public void toShow() {
        System.out.print(message + " ");
    }
}
//Machine.java
public class Machine {
    public void checkBag(Goods goods)throws DangerException {
        if(goods.isDanger()) {
            DangerException danger = new DangerException();
            【代码1】  //抛出 danger
```

内部类与异常类

```
                }
            }
        }
//Check. java
public class Check {
    public static void main(String args[]) {
        Machine machine = new Machine();
        String name[] = {"苹果","炸药","西服","硫酸","手表","硫黄"};
        Goods [] goods = new Goods[name.length];    //检查 6 件物品
        for(int i = 0;i < name.length;i++) {
            goods[i] = new Goods();
            if(i % 2 == 0) {
                goods[i].setIsDanger(false);
                goods[i].setName(name[i]);
            }
            else {
                goods[i].setIsDanger(true);
                goods[i].setName(name[i]);
            }
        }
        for(int i = 0;i < goods.length;i++) {
            try { machine.checkBag(goods[i]);
                System.out.println(goods[i].getName() + "检查通过");
            }
            catch(DangerException e) {
                【代码 2】                          //e 调用 toShow()方法
                System.out.println(goods[i].getName() + "被禁止!");
            }
        }
    }
}
```

6. 实验指导

try…catch 语句可以由几个 catch 组成,分别处理发生的相应异常。catch 参数中的异常类都是 Exception 的某个子类,表明 try 部分可能发生的异常。

7. 实验后的练习

(1) 是否可以将实验中的 try…catch 语句中 catch 捕获的异常更改为 Exception?

(2) 是否可以将实验中的 try…catch 语句中 catch 捕获的异常更改为 java. io. IOException?

8. 填写实验报告

实验编号:602　　　学生姓名:　　　　实验时间:　　　　　　教师签字:

	A	B	C	D	E
实验效果评价	A	B	C	D	E
模板完成情况					
实验后练习效果评价	A	B	C	D	E
练习完成情况					
总评					

实验 3 Lambda 语法糖

1. 相关知识点

Java 中的 Lambda 表达式的主要目的是在使用单接口(只含有一个方法的接口)匿名类时,让代码更加简洁。因此,掌握在单接口匿名类中使用 Lambda 表达式也就基本掌握了 Java 的 Lambda 表达式。Lambda 表达式就是只写参数列表和方法体的匿名方法(参数列表和方法体之间的符号是—>):

```
(参数列表)->{
    方法体
}
```

由于 Lambda 表达式过于简化,因此必须在特殊的上下文,编译器才能推断出到底是哪个方法。因此 Java 中的 Lambda 表达式主要用在单接口(接口只含有一个方法)。

2. 实验目的

本实验的目的是让学生掌握 Lambda 表达式的用法。

3. 实验要求

将创建单接口匿名类的实例的代码简化为 Lambda 表达式。

4. 运行效果示例

程序运行效果如图 6.3 所示。

```
78.53981633974483
12.56637061435917
result=514.7185403641517
result=31415.926535897932
```

图 6.3 使用 Lambda 表达式

5. 程序模板

请按模板要求,将【代码】替换为 Java 程序代码。

```java
//MainClass.java
interface Area {
    double computerArea(double r);
}
class Circle{
    double r;
    void setRadius(double r){
        this.r = r;
    }
    void showArea(Area area) {
        double result = area.computerArea(r);
        System.out.println("result = " + result);
    }
}
public class MainClass {
    public static void main(String args[]) {
        Area area = new Area() {                    //匿名类的实例
                    public double computerArea(double r) {
                        return Math.PI * r * r;
                    }
                };
        System.out.println(area.computerArea(5));
```

```
        area = 【代码 1】                           //使用 Lambda 表达式代替匿名类的实例
        System.out.println(area.computerArea(2));
        Circle circle = new Circle();
        circle.setRadius(12.8);
        circle.showArea(new Area() {               //匿名类的实例
                        public double computerArea(double r) {
                                return Math.PI * r * r;
                        }});
        circle.setRadius(100);
        circle.showArea(【代码 2】);                 //使用 Lambda 表达式代替匿名类的实例
    }
}
```

6. 实验指导

Lambda 表达式就是参数列表后跟符号—>,接着就是函数体。

7. 实验后的练习

在 Area 接口中再增添一个方法,例如 void f(){},看看编译器提示怎样的错误。

8. 填写实验报告

实验编号:603　　学生姓名:　　　　　　实验时间:　　　　　　　教师签字:

实验效果评价	A	B	C	D	E
模板完成情况					
实验后的练习效果评价	A	B	C	D	E
练习完成情况					
总评					

实 验 答 案

实验 1

【代码 1】　InnerNewsPaper newsPaper;

【代码 2】　newsPaper = new InnerNewsPaper();

实验 2

【代码 1】　throw danger;

【代码 2】　e.toShow();

实验 3

【代码 1】　(double r)—>{ return Math.PI * r * r; };

【代码 2】　(double r)—>{ return Math.PI * r * r; }

第7章 | 面向对象的几个基本原则

实验 1 楼房的窗户

1. 相关知识点

所谓面向抽象编程,是指设计一个类时,不让该类面向具体的类,而是面向抽象类或接口,即所设计类中的重要变量是抽象类或接口声明的变量,而不是具体类声明的变量。

"开-闭"原则(open-closed principle)就是让设计的系统应当对扩展开放,对修改关闭,"开-闭"原则的本质是指当系统中增加新的模块时,不需要修改现有的模块。在设计系统时,应当首先考虑到用户需求的变化,将应对用户变化的部分设计为对扩展开放,而设计的核心部分是经过精心考虑之后确定下来的基本结构,这部分应当是对修改关闭的,即不能因为用户的需求变化而再发生变化,因为这部分不是用来应对需求变化的。如果系统设计遵守了"开-闭"原则,那么这个系统一定是易维护的。

设计某些系统时,要面向抽象来考虑系统的总体设计,这样就容易设计出满足"开-闭"原则的系统,在程序设计好后,首先对 abstract 类的修改关闭,否则,一旦修改 abstract 类,将可能导致它的所有子类都需要做出修改;应当对增加 abstract 类的子类开放,即再增加新子类时,不需要修改其他面向抽象类而设计的重要类。

2. 实验目的

本实验的目的是让学生掌握"开-闭"原则的设计思想。

3. 实验要求

楼房需要安装窗户,如果楼房只能安装木制窗户,显然楼房的设计是不完善的。设计一个模拟楼房的类,使得楼房能安装各种材质的窗户,具体要求如下:

(1) 定义抽象类 Window(窗户)。Window 类有 4 个非抽象方法 double getWidth()、double getHeight()、void setWidth(double w)、void setHeight(double h)和一个抽象方法 String getMaterial()。

(2) 定义 Building 类(楼房),该类有一个 Window 类型的数组 window,即 window 的元素是 Window 的子类的对象。Building 类中定义一个 use(Window [] w)方法,该方法的参数 w 是 Window 类型的数组。use(Window []w)方法将检查 w 的元素调用 double getWidth()和 double getHeight()方法返回窗户的尺寸是否符合要求,如果符合要求,就将该元素赋值给 window 的相应元素。

(3) 编写若干 Window 的子类。

(4) 编写主类,在主类的 main 方法中用 Window 和 Building 类创建对象,并让 Building 类创建对象调用 use(Window [] w)模拟楼房使用窗户。

实验要求中涉及的核心类的 UML 图如图 7.1 所示。

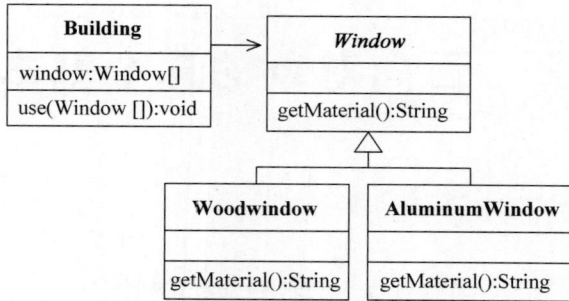

图 7.1　UML 类图

4. 运行效果示例

程序运行效果如图 7.2 所示。

5. 程序模板

请认真阅读并调试模板给出的程序代码,然后完成实验后的练习。

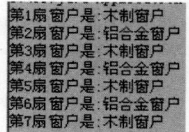

图 7.2　楼房的窗户

```java
//Window.java
public abstract class Window {
    double width;
    double height;
    public abstract String getMaterial();
    public void setWidth(double w) {
        width = w;
    }
    public void setHeight(double h) {
        height = h;
    }
    public double getHeight(){
        return height;
    }
    public double getWidth(){
        return width;
    }
}
//Building.java
public class Building {
    int windowNumber = 100;
    double width = 109.98;
    double height = 156.88;
    Window [] window;
    Building() {
        window = new Window[windowNumber] ;
    }
    Building(int n) {
        windowNumber = n;
```

```java
            window = new Window[windowNumber] ;
        }
    public void use(Window [ ] w) {
        for( int i = 0;i < window. length;i++) {
                boolean boo =
                Math. abs(w[i]. getWidth( ) - width)< = 1E - 2&&
                Math. abs(w[i]. getHeight( ) - height)< = 1E - 1;
                if( boo){
                    window[i] =  w[i];
                }
            }
        }
    public void showWindow( ) {
        for( int i = 0;i < window. length;i++) {
                if( window[i]! = null){
                    System. out. println("第" + (i + 1) + "扇窗户是:" + window[i]. getMaterial( ));
                }
                else {
                    System. out. println("该窗户未安装");
                }
            }
        }
}
//WoodWindow. java
public class WoodWindow extends Window {
    public String getMaterial( ) {
        return "木制窗户";
    }
}
//AluminumWindow. java
public class AluminumWindow extends Window {
    public String getMaterial( ) {
        return "铝合金窗户";
    }
}
//Application. java
public class Application{
    public static void main(String args[ ]){
        Building schoolBuilding;
        int m = 7;
        schoolBuilding = new Building(m);
        Window [ ] w =  new Window[m];
        for( int i = 0;i < m;i++) {
            if( i % 2 == 0) {
                w[i] =  new WoodWindow();
                w[i]. setWidth(109. 98);
                w[i]. setHeight(156. 89);
            }
            else if( i % 2 == 1) {
                w[i] =  new AluminumWindow();
                w[i]. setWidth(109. 99);
```

面向对象的几个基本原则

```
                w[i].setHeight(156.87);
            }
        }
        schoolBuilding.use(w);
        schoolBuilding.showWindow();
    }
}
```

6. 实验指导

如果将实验要求中的 Window 类、Building 类以及 WoodWindow 和 AluminumWindow 类看作一个小的开发框架,将 Application.java 看作使用该框架进行应用开发的用户程序,那么框架满足"开-闭"原则,该框架相对用户的需求就比较容易维护,因为当用户程序需要其他材质的窗户时,系统只需简单地扩展框架,即在框架中增加一个 Window 的子类,无须修改框架中的其他类,如图 7.3 所示。

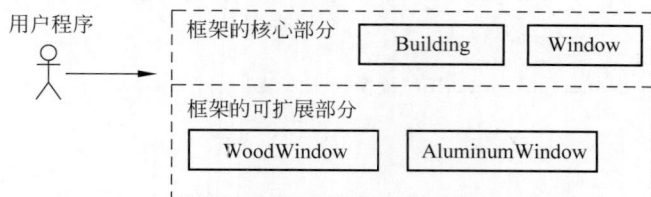

图 7.3　满足"开-闭"原则的框架

7. 实验后的练习

在实验代码的基础上再增加一个 Window 的子类,用于刻画铁制窗户,并在主类的代码(Application.java)中让楼房使用铁制窗户。

8. 填写实验报告

实验编号:701　　学生姓名:　　　　实验时间:　　　　教师签字:

实验效果评价	A	B	C	D	E
模板完成情况					
实验后练习效果评价	A	B	C	D	E
练习完成情况					
总评					

实验 2　搭建流水线

1. 相关知识点

如果一个对象 a 组合了对象 b,那么对象 a 就可以委托对象 b 调用其方法,即对象 a 以组合的方式复用对象 b 的方法。通过组合对象来复用方法的优点是:通过组合对象来复用方法也称"黑盒"复用,因为当前对象只能委托所包含的对象调用其方法,这样一来,当前对象所包含的对象的方法的细节对当前对象是不可见的。另外,对象与所包含的对象属于弱耦合关系,因为如果修改当前对象所包含的对象的类的代码,不必修改当前对象的类的代码。

2．实验目的

本实验的目的是让学生掌握一个对象怎样组合另一个对象。

3．实验要求

流水线的作用是，用户只需将要处理的数据交给流水线，即依次让流水线上的对象来处理数据。例如，在歌手比赛时，只需将评委给出的分数交给设计好的流水线，就可以得到选手的最后得分，流水线上的第一个对象负责录入裁判给选手的分数，第二个对象负责去掉一个最高分和一个最低分，最后一个对象负责计算出平均成绩。具体要求如下：

（1）编写 InputScore、DelScore、ComputerAver 和 Line 类。

（2）InputScore 类的对象负责录入分数，InputScore 类组合了 DelScore 类的对象。

（3）DelScore 类的对象负责去掉一个最高分和一个最低分，DelScore 类组合了 ComputerAver 类的对象。

（4）ComputerAver 类的对象负责计算平均值。

（5）Line 类组合了 InputScore、DelScore、ComputerAver 这 3 个类的实例。

（6）在主类中用 Line 创建一个流水线对象，并将裁判的分数交给流水线。

4．运行效果示例

程序运行效果如图 7.4 所示。

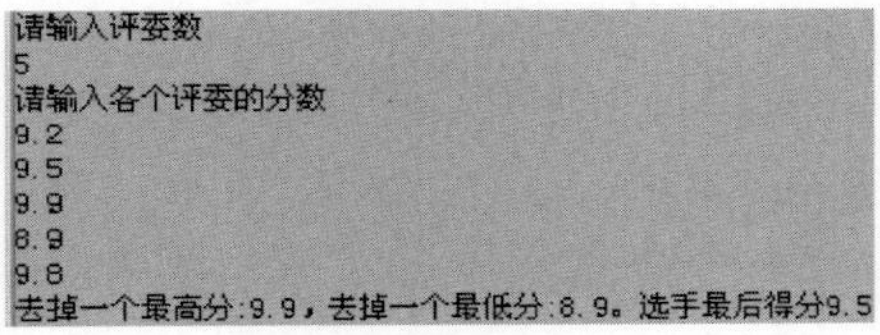

图 7.4　流水线

5．程序模板

认真阅读并调试模板给出的程序代码，然后完成实验后的练习。

```java
//MainClass.java
public class SingGame {
  public static void main(String args[]){
      Line line = new Line();
      line.givePersonScore();
  }
}
//InputScore.java
import java.util.Scanner;
public class InputScore {
    DelScore del ;
    InputScore(DelScore del) {
        this.del = del;
    }
    public void inputScore() {
        System.out.println("请输入评委数");
        Scanner read = new Scanner(System.in);
```

```
        int count = read.nextInt();
        System.out.println("请输入各个评委的分数");
        double []a = new double[count];
        for(int i = 0;i<count;i++) {
                a[i] = read.nextDouble();
        }
        del.doDelete(a);
    }
}
```

//DelScore.java
```
public class DelScore {
    ComputerAver computer ;
    DelScore(ComputerAver computer) {
        this.computer = computer;
    }
    public void doDelete(double [] a) {
        java.util.Arrays.sort(a);   //数组 a 从小到大排序
        System.out.print("去掉一个最高分:" + a[a.length-1] + ",");
        System.out.print("去掉一个最低分:" + a[0] + ".");
        double b[] = new double[a.length-2];
        for(int i = 1;i<a.length-1;i++) { //去掉最高分和最低分
          b[i-1] = a[i];
        }
        computer.giveAver(b);
    }
}
```

//ComputerAver.java
```
public class ComputerAver {
    public void giveAver(double [] b) {
        double sum = 0;
        for(int i = 0;i<b.length;i++) {
            sum = sum + b[i];
        }
        double aver = sum/b.length;
        System.out.println("选手最后得分" + aver);
    }
}
```

//Line.java
```
public class Line {
    InputScore one;
    DelScore two;
    ComputerAver three;
    Line(){
        three = new ComputerAver();
        two = new DelScore(three);
        one = new InputScore(two);
    }
    public void givePersonScore(){
        one.inputScore();
    }
}
```

6. 实验指导

一个类的成员变量可以是 Java 允许的任何数据类型,因此,一个类可以把对象作为自己的成员变量,如果用这样的类创建对象,那么该对象中就会有其他对象,也就是说该对象将其他对象作为自己的组成部分(这就是人们常说的 Has-A),或者说该对象是由几个对象组合而成。

7. 实验后的练习

在流水线上再增加一个对象,该对象负责判断选手的成绩是否达到及格标准。

8. 填写实验报告

实验编号:702　　学生姓名:　　　　　实验时间:　　　　　教师签字:

实验效果评价	A	B	C	D	E
模板完成情况					
实验后练习效果评价	A	B	C	D	E
练习完成情况					
总评					

实 验 答 案

实验 1

阅读代码,无代码答案。

实验 2

阅读代码,无代码答案。

面向对象的几个基本原则

第8章　几个重要的设计模式

实验 1　分组策略

1. 相关知识点

策略模式的定义：定义一系列算法，把它们一个个地封装起来，并且使它们可相互替换。本模式使得算法可独立于使用它的客户而变化。

策略模式的结构中包括 3 种角色。

(1) 策略(Strategy)：策略是一个接口，该接口定义若干个算法标识，即定义了若干抽象方法。

(2) 具体策略(ConcreteStrategy)：具体策略是实现策略接口的类。具体策略重写策略接口所定义的抽象方法，即给出算法标识的具体算法。

(3) 上下文(Context)：上下文是依赖于策略接口的类，即上下文包含策略声明的变量。上下文中提供一个方法，该方法委托策略变量调用具体策略所重写的策略接口中的方法。

2. 实验目的

本实验的目的是让学生掌握策略模式的设计思想。

3. 实验要求

将 1~n 的整数分组，如按奇偶分成两组。用策略模式设计一个系统，使得用户程序可以使用该系统中的某个分组策略将 1~n 的整数分组。具体要求如下：

(1) 定义策略。定义名字是 Group 的策略接口，该接口中声明一个抽象方法：void group(int n)。

(2) 定义具体策略。定义实现 Group 的策略接口，名字分别是 StrategyOne、StrategyTwo 和 StrategyThree。

(3) 定义上下文类。定义名字是 IntegerGroup 的上下文类，该类有 Group 声明的名字是 strategy 的接口变量；并提供 void setStrategy(Group strategy)方法，该方法将参数的值传递给 IntegerGroup 类中的接口变量 strategy。在 IntegerGroup 上下文类中定义 IntegerDivide(int n)方法，该方法委托 strategy 的接口变量回调具体策略实现的策略方法对 1~n 的整数进行分组。

(4) 编写主类。在主类的 main 方法中使用上述(1)、(2)、(3)中给出的类对 1~20 的整数进行分组操作。

4. 运行效果示例

程序运行效果如图 8.1 所示。

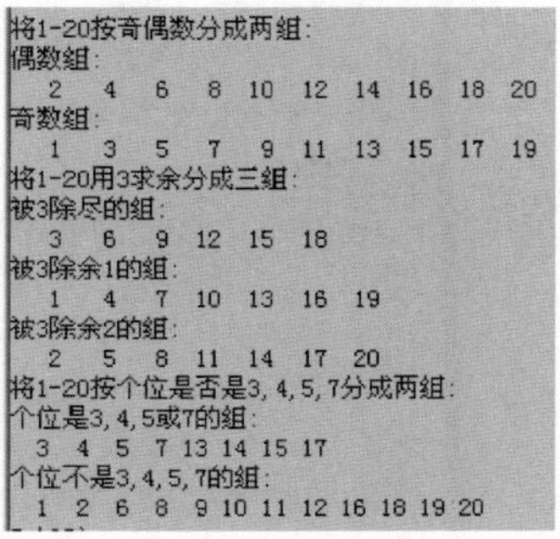

5. 程序模板

认真阅读并调试模板给出的程序代码,然后完成实验后的练习。

图 8.1 策略模式

```
//Group.java
public interface Group {
    void group(int n);
}
```

```
//StrategyOne.java
public class StrategyOne implements Group {
    public void group(int n) {
        System.out.printf("\n 将 1- %d 按奇偶数分成两组:",n);
        System.out.printf("\n 偶数组:\n");
        for(int i = 1;i <= n;i++){
            if(i % 2 == 0)
             System.out.printf(" % 4d",i) ;
        }
        System.out.printf("\n 奇数组:\n");
        for(int i = 1;i <= n;i++){
            if(i % 2 == 1)
             System.out.printf(" % 4d",i) ;
        }
    }
}
```

```
//StrategyTwo.java
public class StrategyTwo implements Group {
    public void group(int n) {
        System.out.printf("\n 将 1- %d 用 3 求余分成三组:",n);
        System.out.printf("\n 被 3 除尽的组:\n");
        for(int i = 1;i <= n;i++){
            if(i % 3 == 0)
             System.out.printf(" % 4d",i) ;
        }
        System.out.printf("\n 被 3 除余 1 的组:\n");
        for(int i = 1;i <= n;i++){
            if(i % 3 == 1)
             System.out.printf(" % 4d",i) ;
        }
        System.out.printf("\n 被 3 除余 2 的组:\n");
        for(int i = 1;i <= n;i++){
            if(i % 3 == 2)
             System.out.printf(" % 4d",i) ;
        }
    }
}
```

几个重要的设计模式

```java
//StrategyThree.java
public class StrategyThree implements Group {
    public void group(int n) {
        System.out.printf("\n 将 1 - %d 按个位是否是 3,4,5,7 分成两组:",n);
        System.out.printf("\n 个位是 3,4,5 或 7 的组:\n");
        for(int i = 1;i <= n;i++){
            if(i%10 == 3 || i%10 == 4 || i%10 == 5 || i%10 == 7)
                System.out.printf("%3d",i) ;
        }
        System.out.printf("\n 个位不是 3,4,5,7 的组:\n");
        for(int i = 1;i <= n;i++){
            if(!(i%10 == 3 || i%10 == 4 || i%10 == 5 || i%10 == 7))
                System.out.printf("%3d",i) ;
        }
    }
}

//IntegerGroup.java
public class IntegerGroup {
    Group strategy;
    public void setStrategy(Group strategy) {
        this.strategy = strategy;
    }
    public void integerDivide(int n){
        if(strategy! = null)
            strategy.group(n);
        else
            System.out.println("没有分组策略可用");
    }
}

//Application.java
public class Application{
    public static void main(String args[]){
        IntegerGroup makeGroup = new IntegerGroup();   //上下文对象
        makeGroup.setStrategy(new StrategyOne());
        makeGroup.integerDivide(20);
        makeGroup.setStrategy(new StrategyTwo());
        makeGroup.integerDivide(20);
        makeGroup.setStrategy(new StrategyThree());
        makeGroup.integerDivide(20);
    }
}
```

6. 实验指导

根据策略模式定义的类和接口就是一个开发框架,用户可以使用该框架进行程序设计。根据策略模式给出的开发框架模式满足"开-闭"原则,当增加新的具体策略时,不需要修改上下文类的代码,上下文类就可以引用新的具体策略的实例。

7. 实验后的练习

在实验代码的基础上再增加一个对整数进行分组的策略,即再增加一个具体策略。绘制本实验中涉及的类和接口的 UML 图。

8. 填写实验报告

实验编号：801　　学生姓名：　　　　实验时间：　　　　教师签字：

实验效果评价	A	B	C	D	E
模板完成情况					
实验后练习效果评价	A	B	C	D	E
练习完成情况					
总评					

实验 2　房 屋 中 介

1. 相关知识点

中介者模式的定义：用一个中介对象来封装一系列的对象交互。中介者使各对象不需要显式地相互引用，从而使其耦合松散，而且可以独立地改变它们之间的交互。

中介者模式的结构中包括 4 种角色。

（1）中介者（Mediator）：中介者是一个接口，该接口定义了用于同事（Colleague）对象之间进行通信的方法。

（2）具体中介者（ConcreteMediator）：具体中介者是实现中介者接口的类。具体中介者需要包含所有具体同事（ConcreteColleague）的引用，并通过重写中介者接口中的方法来满足具体同事之间的通信请求。

（3）同事（Colleague）：一个接口，规定了具体同事需要实现的方法。

（4）具体同事（ConcreteColleague）：实现同事接口的类。具体同事需要包含具体中介者的引用，一个具体同事需要和其他具体同事交互时，只需将自己的请求通知给它所包含的具体中介者即可。

2. 实验目的

本实验的目的是让学生掌握中介者模式的设计思想。

3. 实验要求

有准备将房屋出租的张三和李四以及准备租房的朱方，要求使用一个中介公司协调张三、李四和朱方之间的信息交互。张三让中介公司向准备租房的用户转达的信息是："房屋出租：租金是 800 元/月"；李四让中介公司向准备租房的用户转达的信息是："房屋出租：租金是 900 元/月"；朱方让中介公司向准备出租的用户转达的信息是："求租房屋：租金不高于 800 元/月"。使用中介者模式让房屋出租者和求租者通过中介者转达各自的出租条件和求租条件。

4. 运行效果示例

程序运行效果如图 8.2 所示。

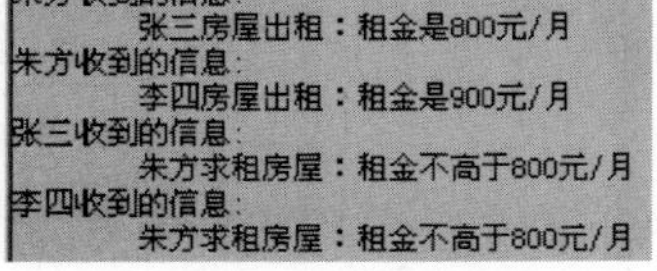

5. 程序模板

认真阅读并调试模板给出的程序代码，然后完成实验后的练习。

朱方收到的信息：
张三房屋出租：租金是800元/月
朱方收到的信息：
李四房屋出租：租金是900元/月
张三收到的信息：
朱方求租房屋：租金不高于800元/月
李四收到的信息：
朱方求租房屋：租金不高于800元/月

图 8.2　中介者模式

几个重要的设计模式

```java
//Colleague.java
public interface Colleague{                              // 中介者模式中的同事(Colleague)
    public void giveMess(String mess);
    public void receiverMess(String mess);
    public void setName(String name);
    public String getName();
}
//RentHouse.java
public class RentHouse implements Colleague{      // 中介者模式中的具体同事(出租者)
    ConcreteMediator mediator;                    //中介者
    String name;
    RentHouse(ConcreteMediator mediator){
        this.mediator = mediator;
    }
    public void setName(String name){
        this.name = name;
    }
    public String getName(){
        return name;
    }
    public void giveMess(String mess){
        mediator.deliverMess(this,mess);
    }
    public void receiverMess(String mess){
        System.out.println(name + "收到的信息:");
        System.out.println("\t" + mess);
    }
}
//BegRentHouse.java
public class BegRentHouse implements Colleague{// 中介者模式中的具体同事(求租者)
    ConcreteMediator mediator;                    //中介者
    String name;
    BegRentHouse(ConcreteMediator mediator){
        this.mediator = mediator;
    }
    public void setName(String name){
        this.name = name;
    }
    public String getName(){
        return name;
    }
    public void giveMess(String mess){
        mediator.deliverMess(this,mess);
    }
    public void receiverMess(String mess){
        System.out.println(name + "收到的信息:");
        System.out.println("\t" + mess);
    }
```

```
    }
//ConcreteMediator.java
public class ConcreteMediator{                    // 中介者模式中的具体中介者
    RentHouse [ ] rentHouse;
    BegRentHouse [ ] begRentHouse;
    public void registerRentHouse(RentHouse [ ] rentHouse){
        this.rentHouse = rentHouse;
    }
    public void registerBegRentHouse(BegRentHouse [ ] begRentHouse){
        this.begRentHouse = begRentHouse;
    }
    public void deliverMess(Colleague colleague,String mess){
        if(colleague instanceof RentHouse){
            for(int i = 0;i < begRentHouse.length;i++){
                begRentHouse[i].receiverMess(colleague.getName() + mess);
            }
        }
        else if(colleague instanceof BegRentHouse){
            for(int i = 0;i < rentHouse.length;i++){
                rentHouse[i].receiverMess(colleague.getName() + mess);
            }
        }
    }
}
//Application.java
public class Application{                          //使用中介者模式中的类的应用程序
    public static void main(String args[]){
        ConcreteMediator mediator = new ConcreteMediator();
        RentHouse rentHouse [ ] = new RentHouse[2];
        rentHouse[0] = new RentHouse(mediator);
        rentHouse[1] = new RentHouse(mediator);
        rentHouse[0].setName("张三");
        rentHouse[1].setName("李四");
        BegRentHouse begRentHouse [ ] = new BegRentHouse[1];
        begRentHouse[0] = new BegRentHouse(mediator);
        begRentHouse[0].setName("朱方");
        mediator.registerRentHouse(rentHouse);
        mediator.registerBegRentHouse(begRentHouse);
        rentHouse[0].giveMess("房屋出租:租金是 800 元/月");
        rentHouse[1].giveMess("房屋出租:租金是 900 元/月");
        begRentHouse[0].giveMess("求租房屋:租金不高于 800 元/月");
    }
}
```

6. 实验指导
如果仅仅需要一个具体中介者,模式中的中介者接口可以省略。

7. 实验后的练习
修改应用程序,即修改 Application.java 源文件,再增加一个出租者和求租者。

第8章

几个重要的设计模式

8．填写实验报告

实验编号：802　　　学生姓名：　　　　　实验时间：　　　　　　教师签字：

实验效果评价	A	B	C	D	E
模板完成情况					
实验后练习效果评价	A	B	C	D	E
练习完成情况					
总评					

实验 3　编写文件的步骤

1．相关知识点

模板方法模式的定义：定义一个操作中的算法的骨架，而将一些步骤延迟到子类中。模板方法使得子类可以不改变一个算法的结构即可重定义该算法的某些特定步骤。

模板方法是关于怎样将若干方法集成到一个方法中，以便形成一个解决问题的算法骨架。模板方法模式的关键是在一个抽象类中定义一个算法的骨架，即将若干方法集成到一个方法中，并称该方法为一个模板方法，或简称为模板。模板方法所调用的其他方法通常为抽象的方法，这些抽象方法相当于算法骨架中的各个步骤，这些步骤的实现可以由抽象类的子类去完成。

模板方法模式包括两种角色。

（1）抽象模板（Abstract Template）：抽象模板是一个抽象类。抽象模板定义了若干方法以表示一个算法的各个步骤，这些方法中有抽象方法也有非抽象方法，其中的抽象方法称作原语操作（Primitive Operation）。重要的一点是，抽象模板中还定义了一个称作模板方法的方法，该方法负责组织调用抽象模板中表示算法步骤的方法，即模板方法定义了算法的骨架。

（2）具体模板（Concrete Template）：具体模板是抽象模板的子类，重写抽象模板中的原语操作。

2．实验目的

本实验的目的是让学生掌握利用模板方法模式的设计思想。

3．实验要求

编写文件通常需要经过 3 个步骤：选择一个编辑器、输入内容和保存文件。

使用模板方法模式将编写文件的 3 个步骤封装在抽象模板中，具体要求如下。

（1）抽象模板（Abstract Template）：EditFile 类中包含 3 个表示编写文件 3 个步骤的抽象方法：choiceEditTool()、inputContent() 和 saveFile()。EditFile 类还包含 editStep() 方法，该方法顺序地调用 choiceEditTool()、inputContent() 和 saveFile() 方法。

（2）具体模板：JavaFile 类在重写 choiceEditTool()、inputContent() 和 saveFile() 时分别给出了所选用的编辑器、文件的内容和所保存的文件名字。

（3）具体模板：WordFile 类在重写 choiceEditTool()、inputContent() 和 saveFile() 时分别给出了所选用的编辑器、文件的内容和所保存的文件名字。

4. 运行效果示例

程序运行效果如图 8.3 所示。

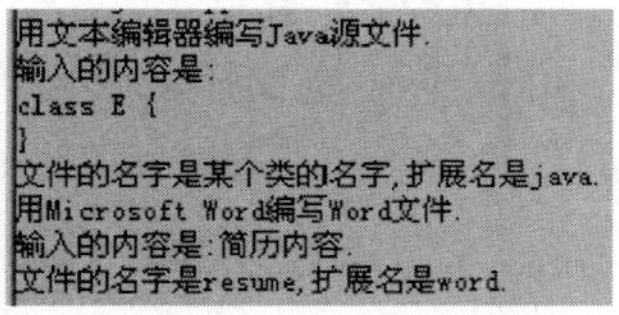

5. 程序模板

认真阅读并调试模板给出的程序代码，然后完成实验后的练习。

用文本编辑器编写Java源文件.
输入的内容是:
class E {
}
文件的名字是某个类的名字,扩展名是java.
用Microsoft Word编写Word文件.
输入的内容是:简历内容.
文件的名字是resume,扩展名是word.

图 8.3 模板方法模式

```java
//EditFile.java
public abstract class EditFile {                    //抽象模板
    public abstract void choiceEditTool();
    public abstract void inputContent();
    public abstract void saveFile();
    public final void editStep() {                  //模板方法
        choiceEditTool();
        inputContent();
        saveFile();
    }
}
```

```java
//JavaFile.java
public class JavaFile extends EditFile {
    public void choiceEditTool() {
        System.out.println("用文本编辑器编写 Java 源文件.");
    }
    public void inputContent(){
        System.out.println("输入的内容是:");
        System.out.println("class E { \n}");
    }
    public void saveFile(){
        System.out.println("文件的名字是某个类的名字,扩展名是 java.");
    }
}
```

```java
//WordFile.java
public class WordFile extends EditFile {
    public void choiceEditTool() {
        System.out.println("用 Microsoft Word 编写 Word 文件.");
    }
    public void inputContent(){
        System.out.println("输入的内容是:简历内容.");
    }
    public void saveFile(){
        System.out.println("文件的名字是 resume,扩展名是 doc.");
    }
}
```

```java
//Application.java
public class Application{                           //使用模板方法模式给出的类
    public static void main(String args[]) {
        EditFile edit = new JavaFile();
        edit.editStep();
        edit = new WordFile();
        edit.editStep();
    }
}
```

几个重要的设计模式

6. 实验指导

可以通过定义模板方法给出成熟的算法步骤,同时又不限制步骤的细节,具体模板实现算法细节不会改变整个算法的骨架。

7. 实验后的练习

开发一个应用程序通常需要经过 3 个步骤:编写源文件、编译和运行。请用模板方法模式将编写源文件、编译和运行步骤封装在抽象模板中,并给出两个具体模板。

8. 填写实验报告

实验编号:803　　学生姓名:　　　　实验时间:　　　　教师签字:

实验效果评价	A	B	C	D	E
模板完成情况					
实验后练习效果评价	A	B	C	D	E
练习完成情况					
总评					

实 验 答 案

实验 1

阅读代码,无答案。

实验 2

阅读代码,无答案。

实验 3

阅读代码,无答案。

第9章 常用实用类

实验1 检索图书

1. 相关知识点

Java 使用 java.lang 包中的 String 类来创建一个字符串变量,因此字符串变量是一个对象。String 类提供了诸如 indexOf(int n)、substring(int index)的常用方法。String 类是 final 类,不可以有子类。

2. 实验目的

本实验的目的是让学生掌握 String 类的常用方法。

3. 实验要求

图书信息如下。

- 书名:Java 程序设计;
- 出版时间:2011.10.01;
- 出版社:清华大学出版社;
- 价格:29.8 元;
- 页数:389 页。

编写一个 Java 应用程序,判断图书信息中是否含有"程序",单独输出图书信息中的出版日期,判断图书信息中的价格是否大于 29、页数是否小于 360。

4. 运行效果示例

程序运行效果如图 9.1 所示。

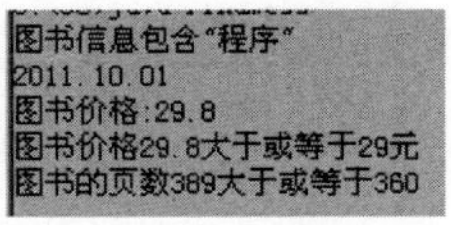

5. 程序模板

按模板要求,将【代码】部分替换为 Java 程序代码。

图 9.1 检索图书

```java
//FindMess.java
public class FindMess {
    public static void main(String args[]) {
        String mess = "书名:Java 程序设计,出版时间:2011.10.01," +
                        "出版社:清华大学出版社,价格:29.8 元,页数:389 页";
        if(【代码1】) {//判断 mess 中是否含有"程序"
            System.out.println("图书信息包含\"程序\"");
        }
        int index =【代码2】//mess 调用 indexOf(String s,int start)返回 mess 中第 2 个冒号的位置
        String date = mess.substring(index + 1, index + 11);
        System.out.println(date);
        int pricePosition =【代码3】//mess 调用 indexOf(String s)返回首次出现"价格"的位置
```

```
        int endPosition = mess.indexOf("元");
        String priceMess = mess.substring(pricePosition + 3,endPosition);
        System.out.println("图书价格:" + priceMess);
        double price = Double.parseDouble(priceMess);
        if(price >= 29) {
            System.out.println("图书价格" + price + "大于或等于 29 元");
        }
        else {
            System.out.println("图书价格" + price + "小于 29 元");
        }
        index = 【代码 4】//mess 调用 lastIndexOf(String s,int start)返回最后一个冒号位置
        endPosition = mess.lastIndexOf("页");
        String pageMess = mess.substring(index + 1,endPosition);
        int p = Integer.parseInt(pageMess);
        if(p >= 360) {
            System.out.println("图书的页数" + p + "大于或等于 360");
        }
        else {
            System.out.println("图书的页数" + p + "小于 360");
        }
    }
}
```

6. 实验指导

String 对象 s 调用 substring()返回一个新的 String 对象,而 s 本身的字符序列不会发生变化。String 对象 s 调用 replaceAll(String newS,String oldS)返回一个新的 String 对象,而 s 本身的字符序列不会发生变化。

7. 实验后的练习

(1) 在程序的适当位置增加如下代码,注意输出的结果。

```
String str1 = new String ("ABCABC"),
        str2 = null,
        str3 = null,
        str4 = null;
str2 = str1.replaceAll("A","First");
str3 = str2.replaceAll("B", "Second");
str4 = str3.replaceAll("C", "Third");
System.out.println(str1);
System.out.println(str2);
System.out.println(str3);
System.out.println(str4);
```

(2) 可以使用 Long 类中的下列 static 方法得到整数的各种进制的字符串表示:

```
public static String toBinaryString(long i)(返回整数 i 的二进制表示)
public static String toOctalString(long i) (返回整数 i 的八进制表示)
public static String toHexString(long i) (返回整数 i 的十六进制表示)
public static String toString(long i, int p) (返回整数 i 的 p 进制表示)
```

其中的 toString(long i,int p)返回整数 i 的 p 进制表示。请在适当位置添加代码输出

12345 的二进制、八进制和十六进制表示。

8. 填写实验报告

实验编号：901　　学生姓名：　　　实验时间：　　　　　教师签字：

实验效果评价	A	B	C	D	E
模板完成情况					
实验后练习效果评价	A	B	C	D	E
练习完成情况					
总评					

实验 2　购 物 小 票

1. 相关知识点

当需要解析一个字符串的单词时，可以使用 java.util 包中的 StringTokenizer 类。StringTokenizer 类可以使用构造方法 StringTokenizer(String s)创建一个称为分析器的对象，该分析器用默认的分隔标记(空格符、换行符、回车符、Tab 符、进纸符)解析 String 对象 s 中的单词。StringTokenizer 类可以使用构造方法 StringTokenizer(String s，String delim)创建一个称为分析器的对象，该分析器用参数 delim 中的字符的任意排列作为分隔标记解析 String 对象 s 中的单词。

String 对象调用 public String replaceAll(String regex，String replacement)方法返回一个 String 对象，该 String 对象是当前 String 对象中所有和参数 regex 指定的正则表达式匹配的子字符序列被参数 replacement 指定的字符序列替换后的 String 对象。

2. 实验目的

掌握怎样使用 StringTokenizer 类的对象从字符串中解析出所需要的数据。

3. 实验要求

购物小票的内容如下：

牛奶:89.8 元,香肠:12.9 元 啤酒:69 元 巧克力:132 元

编写一个 Java 应用程序,输出购物小票中的价格数据,并计算出菜单的总价格。

4. 运行效果示例

程序运行效果如图 9.2 所示。

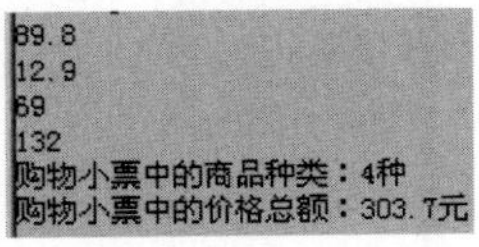

```
89.8
12.9
69
132
购物小票中的商品种类：4种
购物小票中的价格总额：303.7元
```

图 9.2　购物小票

5. 程序模板

按模板要求,将【代码】部分替换为 Java 程序代码。

```
//FoundPrice.java
import java.util.*;
public class FoundPrice {
    public static void main(String args[]) {
        String s = "牛奶:89.8 元,香肠:12.9 元 啤酒:69 元 巧克力:132 元";
        String regex = "[^0123456789.]";  //匹配非数字的正则表达式
        String digitMess = s.replaceAll(regex," * ");
        StringTokenizer fenxi =【代码 1】    //创建 fenxi,用 * 做分隔标记解析 digitMess 中的单词
```

```
        int number = 【代码 2】              //fenxi 调用 countTokens()方法返回单词数量
        double sum = 0;
        while(fenxi.hasMoreTokens()) {
            String str = 【代码 3】          //fenxi 调用 nextToken()方法返回单词
            System.out.println(str);
            sum = sum + Double.parseDouble(str);
        }
        System.out.println("购物小票中的商品种类: " + number + "种");
        System.out.println("购物小票中的价格总额: " + sum + "元");
    }
}
```

6. 实验指导

分隔标记的任意组合仍然是分隔标记。

7. 实验后的练习

编写程序解析字符串"1949 年 10 月 1 日,中华人民共和国成立"中的全部数字信息。

8. 填写实验报告

实验编号:902　　　学生姓名:　　　　　实验时间:　　　　　教师签字:

实验效果评价	A	B	C	D	E
模板完成情况					
实验后练习效果评价	A	B	C	D	E
练习完成情况					
总评					

实验 3　比 较 日 期

1. 相关知识点

java.time 包中的 LocalDate 调用 now()方法可以返回一个 LocalDate 对象,该对象封装本地当前日期有关的数据(年、月、日、星期等),例如:

LocalDate date = LocalDate.now();

假设本地当前日期是 2019-9-16,那么 date 中封装的年是 2019,月是 9,日是 16。

LocalDate 调用 LocalDate of(int year,int month,int dayOfMonth)方法可以返回一个 LocalDate 对象,该对象封装参数指定日期有关的数据(年、月、日、星期等)。LocalDate 类的方法如下:

long until(Temporal endExclusive,TemporalUnit unit);

java.time 包中的 LocalDate、LocalDateTime、LocalTime 类都是实现了 Temporal 接口的类。枚举类型 ChronoUnit 实现了 TemporalUnit 接口,提供许多枚举常量,例如 YEARS、MONTHS、DAYS、HOURS、MINUTES、SECONDS、NANOS 和 WEEKS。

上述 until 方法返回当前 LocalDate(LocalDateTime 或 LocalTime)对象和 endExclusive

的差值,差值的单位由参数 unit 指定。

2. 实验目的

本实验的目的是让学生掌握 LocalDate 类的常用方法。

3. 实验要求

编写一个 Java 应用程序,用户从输入对话框输入两个日期,程序将判断两个日期的大小关系,以及两个日期之间的间隔天数。

4. 运行效果示例

程序运行效果如图 9.3 所示。

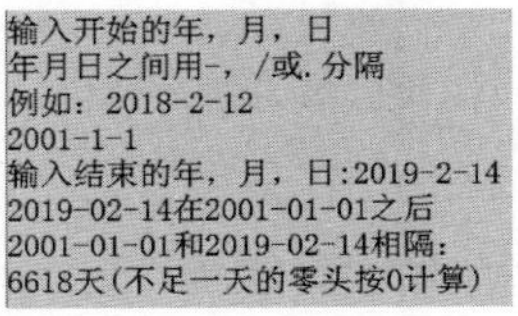

输入开始的年,月,日
年月日之间用-, /或.分隔
例如: 2018-2-12
2001-1-1
输入结束的年,月,日:2019-2-14
2019-02-14在2001-01-01之后
2001-01-01和2019-02-14相隔:
6618天(不足一天的零头按0计算)

图 9.3　比较日期

5. 程序模板

请按模板要求,将【代码】替换为 Java 程序代码。

```
//CompareDate.java
import java.time.*;
import java.util.Scanner;
import java.time.temporal.ChronoUnit;
public class CompareDate {
    public static void main(String args[ ]) {
        Scanner scanner = new Scanner(System.in);
        System.out.println("输入开始的年,月,日 ");
        System.out.println("年月日之间用-,/或.分隔\n 例如:2018-2-12");
        String regex = "[-./]";
        String[] input = scanner.nextLine().split(regex);
        int year = Integer.parseInt(input[0]);
        int month = Integer.parseInt(input[1]);
        int day = Integer.parseInt(input[2]);
        LocalDate dateStart = null;
        【代码 1】　// LocalDate 调用 of 方法,返回年月日分别是 year、month、day 的 dateStart 对象
        System.out.print("输入结束的年,月,日:");
        input = scanner.nextLine().split(regex);
        year = Integer.parseInt(input[0]);
        month = Integer.parseInt(input[1]);
        day = Integer.parseInt(input[2]);
        LocalDate dateEnd = null;
        【代码 2】　// LocalDate 调用 of 方法,返回年月日分别是 year、month、day 的 dateEnd 对象
        long days = 【代码 3】　　　//得到 dateStart 和 dateEnd 相隔的天数
        boolean boo = 【代码 4】　　　//判断 dateEnd 是否在 dateStart 之后
        if(boo)
            System.out.println(dateEnd + "在" + dateStart + "之后");
        System.out.println(dateStart + "和" + dateEnd + "相隔:");
        System.out.println(Math.abs(days) + "天(不足一天的零头按 0 计算)");
    }
}
```

6. 实验指导

LocalDateTime 调用 LocalDateTime of(int year,int month,int dayOfMonth,int hour,int minute,int second,int nanoOfSecond)方法可以返回一个 LocalDateTime 对象,该对象封装参数指定日期有关的数据(年、月、日、星期、时、分、秒等)。

常用实用类

7. 实验后的练习

(1) 计算两个日期相隔的周数,不足一周按 0 周计算。

(2) 根据本程序中的一些知识,编写一个计算利息(按天计息)的程序。

8. 填写实验报告

实验编号:903　　　学生姓名:　　　　　实验时间:　　　　　　　教师签字:

实验效果评价	A	B	C	D	E
模板完成情况					
实验后练习效果评价	A	B	C	D	E
练习完成情况					
总评					

实验 4　处理大整数

1. 相关知识点

程序有时需要处理大整数,java. math 包中的 BigInteger 类提供任意精度的整数运算。可以使用构造方法:

```
public BigInteger(String val)
```

构造一个十进制的 BigInteger 对象。该构造方法可以发生 NumberFormatException 异常,也就是说,字符串参数 val 中如果含有非数字字母,就会发生 NumberFormatException 异常。

2. 实验目的

本实验的目的是让学生掌握 BigInteger 类的常用方法。

3. 实验要求

编写一个 Java 应用程序,计算两个大整数的和、差、积和商,并计算出一个大整数的因子个数(因子中不包括 1 和大整数本身)。

4. 运行效果示例

程序运行效果如图 9.4 所示。

```
和:111111111111111111111111111110
差:86419753286419753286419753 2
积:12193263135650053159106843158177106934720316911263 5269
商:8
17637的因子有:
  3   9  17  27  51  153  289  459  757  867  2271  2601  6813  7803  12889
17637一共有15个因子
```

图 9.4　处理大整数

5. 程序模板

按模板要求,将【代码】部分替换为 Java 程序代码。

```
//HandleBigInteger.java
import java.math. * ;
class BigIntegerExample
```

```
{   public static void main(String args[])
    {   BigInteger n1 = new BigInteger("9876543219876543219876543 21"),
                   n2 = new BigInteger("123456789123456789123456789"),
                   result = null;
        result = 【代码 1】                  //n1 和 n2 做加法运算
        System.out.println("和:" + result.toString());
        result = 【代码 2】                  //n1 和 n2 做减法运算
        System.out.println("差:" + result.toString());
        result = 【代码 3】                  //n1 和 n2 做乘法运算
        System.out.println("积:" + result.toString());
        result = 【代码 4】                  //n1 和 n2 做除法运算
        System.out.println("商:" + result.toString());
        BigInteger m = new BigInteger("1968957"),
                   COUNT = new BigInteger("0"),
                   ONE = new BigInteger("1"),
                   TWO = new BigInteger("2");
        System.out.println(m.toString() + "的因子有:");
          for(BigInteger i = TWO;i.compareTo(m)< 0;i = i.add(ONE))
            {   if((n1.remainder(i).compareTo(BigInteger.ZERO)) == 0)
                {   COUNT = COUNT.add(ONE);
                    System.out.print("   " + i.toString());
                }
            }
        System.out.println("");
        System.out.println(m.toString() + "一共有" + COUNT.toString() + "个因子");
    }
}
```

6. 实验指导

只要计算机的内存足够大,就可以处理任意大的整数。BigInteger 类的 toString()方法返回当前大整数对象十进制的字符串表示。

7. 实验后的练习

(1) 编写程序,计算大整数的阶乘。

(2) 编写程序,计算 1+2+3…的前 99 999 999 项的和。

8. 填写实验报告

实验编号:904   学生姓名: 实验时间: 教师签字:

实验效果评价	A	B	C	D	E
模板完成情况					
实验后练习效果评价	A	B	C	D	E
练习完成情况					
总评					

实验 5　替　换　IP

1. 相关知识点

可以使用 Pattern 类和 Match 类检索字符串 str 中的子字符串并替换所检索到的子字

符串。具体步骤如下：

（1）使用正则表达式 regex 做参数，创建称为模式的 Pattern 类的实例 pattern：

```
Pattern pattern = Pattern.compile(regex);
```

（2）得到可以检索字符串 str 的 Matcher 类的实例 matcher（称为匹配对象）：

```
Matcher matcher = Pattern.matcher(str);
```

（3）替换子字符串。

Matcher 的对象 matcher 调用：

```
public String replaceAll(String replacement)
```

方法可以返回一个字符串，该字符串是通过把 str 中与模式 regex 匹配的子字符串全部替换为参数 replacement 指定的字符串得到的（注意：str 本身没有发生变化）。

2. 实验目的

本实验的目的是让学生掌握怎样使用 Pattern 类和 Match 类检索字符串。

3. 实验要求

字符串"登录网站：222.128.89.253"中的正确 IP 应当是 202.192.78.56。编写一个 Java 应用程序，输出把错写的 IP"222.128.89.253"替换为正确的 IP"202.192.78.56"。

4. 运行效果示例

程序运行效果如图 9.5 所示。

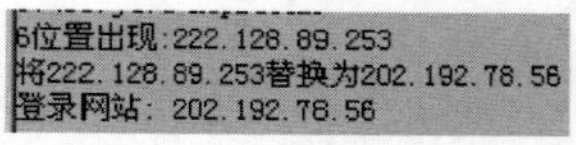

5. 程序模板

按模板要求，将【代码】部分替换为 Java 程序代码。

图 9.5　替换 IP

```
//ReplaceErrorWord.java
import java.util.regex.*;
public class ReplaceIP{
    public static void main(String args[ ]) {
        String str = "登录网站：222.128.89.253";
        Pattern pattern;
        Matcher matcher;
        String regex = "[\\d]{1,3}[.][\\d]{1,3}[.][\\d]{1,3}[.][\\d]{1,3}";
        pattern = 【代码1】                //使用 regex 初始化模式对象 pattern
        matcher = 【代码2】                //得到检索 str 的匹配对象 matcher
        String IP = "";
        while(matcher.find()) {
            IP = matcher.group();
            System.out.print(matcher.start() + "位置出现:");
            System.out.println(IP);
        }
        System.out.printf("将 %s 替换为 202.192.78.56\n",IP);
        String result = matcher.replaceAll("202.192.78.56");
        System.out.println(result);
    }
}
```

6. 实验指导

matcher 调用 boolean matches()方法判断 str 是否完全和 regex 匹配。matcher 调用 boolean find(int start)方法判断 str 从参数 start 指定位置开始是否和 regex 匹配的子序列。

7. 实验后的练习

得到由字符

清华大学出版社(http://www.tup.tsinghua.edu.cn)是著名出版社,主要出版计算机等方面的图书

中全部网站组成的字符串(http://www.tup.tsinghua.edu.cn)。建议创建模式对象使用的正则表达式是:

```
String regex = "[^(http://|www)\56?\\w+\56{1}\\w+\56{1}\\p{Alpha}]";
```

8. 填写实验报告

实验编号：905　　学生姓名：　　　　实验时间：　　　　　教师签字：

实验效果评价	A	B	C	D	E
模板完成情况					
实验后练习效果评价	A	B	C	D	E
练习完成情况					
总评					

实 验 答 案

实验 1

【代码 1】　mess.contains("程序")

【代码 2】　mess.indexOf(":",mess.indexOf(":")+1);

【代码 3】　mess.indexOf("价格");

【代码 4】　mess.lastIndexOf(":");

实验 2

【代码 1】　new StringTokenizer(digitMess," * ");

【代码 2】　fenxi.countTokens();

【代码 3】　fenxi.nextToken();

实验 3

【代码 1】　dateStart = LocalDate.of(year,month,day);

【代码 2】　dateEnd = LocalDate.of(year,month,day);

【代码 3】　dateStart.until(dateEnd,ChronoUnit.DAYS);

【代码 4】　dateEnd.isAfter(dateStart);

常用实用类

实验 4

【代码 1】　n1. add(n2)；

【代码 2】　n1. subtract(n2)；

【代码 3】　n1. multiply(n2)；

【代码 4】　n1. divide(n2)；

实验 5

【代码 1】　Pattern. compile(regex)；

【代码 2】　Pattern. matcher(str)；

第10章　Java Swing 图形用户界面

实验1　算术测试

1. 相关知识点

通过图形用户界面(Graphics User Interface,GUI),用户和程序之间可以方便地进行交互。Java 包含了许多用来支持 GUI 设计的类,如按钮、菜单、列表、文本框等组件类,同时还包含窗口、面板等容器类。学习组件除了了解组件的属性和功能外,一个更重要的方面是学习怎样处理组件上发生的界面事件。在学习处理事件时,必须很好地掌握事件源、监视器、处理事件的接口这3个概念。

1) 事件源

能够产生事件的对象都可以称为事件源,如文本框、按钮、下拉式列表等。也就是说,事件源必须是一个对象,而且这个对象必须是 Java 认为能够发生事件的对象。

2) 监视器

我们需要一个对象对事件源进行监视,以便对发生的事件做出处理。事件源通过调用相应的方法将某个对象作为自己的监视器。

3) 处理事件的接口

监视器负责处理事件源发生的事件。Java 语言使用了接口回调技术设计了它的处理事件模式。事件源增加监视的方法:

addXXXListener(XXXListener listener)

其中的参数是一个接口,listener 可以引用任何实现了该接口的类所创建的对象(监视器),当事件源发生事件时,接口 listener 立刻回调被类实现的接口中的某个方法。

2. 实验目的

学习处理 ActionEvent 事件。

3. 实验要求

编写一个算术测试小软件,用来训练小学生的算术能力。程序由3个类组成,其中,Teacher 对象充当监视器,负责给出算术题目,并判断回答者的答案是否正确;ComputerFrame 对象负责为算术题目提供视图,例如用户可以通过 ComputerFrame 对象提供的 GUI 界面看到题目,并通过该 GUI 界面给出题目的答案;MailClass 是软件的主类。

4. 运行效果示例

程序运行效果如图 10.1 所示。

5. 程序模板

按模板要求,将【代码】部分替换为 Java 程序代码。

图 10.1 "算术测试"对话框

```java
//MainClass.java
public class MainClass {
    public static void main(String args[]) {
        ComputerFrame frame;
        frame = new ComputerFrame();
        frame.setTitle("算术测试");
        frame.setBounds(100,100,650,180);
    }
}
```

```java
//ComputerFrame.java
import java.awt.*;
import java.awt.event.*;
import javax.swing.*;
public class ComputerFrame extends JFrame {
    JMenuBar menubar;
    JMenu choiceGrade;              //选择级别的菜单
    JMenuItem   grade1,grade2;
    JTextField textOne,textTwo,textResult;
    JButton getProblem,giveAnswer;
    JLabel operatorLabel,message;
    Teacher teacherZhang;
    ComputerFrame() {
        teacherZhang = new Teacher();
        teacherZhang.setMaxInteger(20);
        setLayout(new FlowLayout());
        menubar = new JMenuBar();
        choiceGrade = new JMenu("选择级别");
        grade1 = new JMenuItem("幼儿级别");
        grade2 = new JMenuItem("儿童级别");
        grade1.addActionListener(new ActionListener() {
                                    public void actionPerformed(ActionEvent e) {
                                        teacherZhang.setMaxInteger(10);
                                    }
                                });
        grade2.addActionListener(new ActionListener() {
                                    public void actionPerformed(ActionEvent e) {
                                        teacherZhang.setMaxInteger(50);
                                    }
                                });
        choiceGrade.add(grade1);
        choiceGrade.add(grade2);
        menubar.add(choiceGrade);
        setJMenuBar(menubar);
```

【代码1】   //创建 textOne,其可见字符长是 5
　　textTwo = new JTextField(5);
　　textResult = new JTextField(5);
　　operatorLabel = new JLabel(" + ");
　　operatorLabel.setFont(new Font("Arial",Font.BOLD,20));
　　message = new JLabel("你还没有回答呢");
　　getProblem = new JButton("获取题目");
　　giveAnswer = new JButton("确认答案");
　　add(getProblem);
　　add(textOne);
　　add(operatorLabel);
　　add(textTwo);
　　add(new JLabel(" = "));
　　add(textResult);
　　add(giveAnswer);
　　add(message);
　　textResult.requestFocus();
　　textOne.setEditable(false);
　　textTwo.setEditable(false);
　　getProblem.setActionCommand("getProblem");
　　textResult.setActionCommand("answer");
　　giveAnswer.setActionCommand("answer");
　　teacherZhang.setJTextField(textOne,textTwo,textResult);
　　teacherZhang.setJLabel(operatorLabel,message);
　　【代码2】//将 teacherZhang 注册为 getProblem 的 ActionEvent 事件监视器
　　【代码3】//将 teacherZhang 注册为 giveAnswer 的 ActionEvent 事件监视器
　　【代码4】//将 teacherZhang 注册为 textResult 的 ActionEvent 事件监视器
　　setVisible(true);
　　validate();
　　setDefaultCloseOperation(DISPOSE_ON_CLOSE);
　　}
}

```
//Teacher.java
import java.util.Random;
import java.awt.event. * ;
import javax.swing. * ;
public class Teacher implements ActionListener {
    int numberOne,numberTwo;
    String operator = "";
    boolean isRight;
    Random random;              //用于给出随机数
    int maxInteger;             //题目中最大的整数
    JTextField textOne,textTwo,textResult;
    JLabel operatorLabel,message;
    Teacher() {
        random = new Random();
    }
    public void setMaxInteger(int n) {
        maxInteger = n;
    }
```

```java
        public void actionPerformed(ActionEvent e) {
            String str = e.getActionCommand();
            if(str.equals("getProblem")) {
                    numberOne = random.nextInt(maxInteger) + 1;     //1 至 maxInteger 的随机数
                    numberTwo = random.nextInt(maxInteger) + 1;
                    double d = Math.random();          // 获取(0,1)的随机数
                    if(d >= 0.5)
                        operator = " + ";
                    else
                        operator = " - ";
                    textOne.setText("" + numberOne);
                    textTwo.setText("" + numberTwo);
                    operatorLabel.setText(operator);
                    message.setText("请回答");
                    textResult.setText(null);
            }
            else if(str.equals("answer")) {
                    String answer = textResult.getText();
                    try{    int result = Integer.parseInt(answer);
                            if(operator.equals(" + ")){
                                if(result == numberOne + numberTwo)
                                    message.setText("你回答正确");
                                else
                                    message.setText("你回答错误");
                            }
                            else if(operator.equals(" - ")){
                                if(result == numberOne - numberTwo)
                                    message.setText("你回答正确");
                                else
                                    message.setText("你回答错误");
                            }
                    }
                    catch(NumberFormatException ex) {
                            message.setText("请输入数字字符");
                    }
            }
        }
        public void setJTextField(JTextField ... t) {
            textOne = t[0];
            textTwo = t[1];
            textResult = t[2];
        }
        public void setJLabel(JLabel ... label) {
            operatorLabel = label[0];
            message = label[1];
        }
}
```

6. 实验指导

需要将实验中的 3 个 Java 文件保存在同一文件中，分别编译或只编译主类 MainClass，

然后运行主类即可。JButton 对象可触发 ActionEvent 事件。为了能监视到此类型事件,事件源必须使用 addActionListener 方法获得监视器,创建监视器的类必须实现接口 ActionListener。

7. 实验后的练习

(1) 模仿本实验代码,再增加"小学生"级别。

(2) 给上述程序增加测试乘法的功能。

8. 填写实验报告

实验编号:1001   学生姓名: 实验时间: 教师签字:

实验效果评价	A	B	C	D	E
模板完成情况					
实验后练习效果评价	A	B	C	D	E
练习完成情况					
总评					

实验 2　布局与日历

1. 相关知识点

当把组件添加到容器中时,希望控制组件在容器中的位置,这就需要学习布局设计的知识。常用的布局类有 java. awt 包中的 FlowLayout、BorderLayout、CardLayout、GridLayout 和 java. swing. border 包中的 BoxLayout。

2. 实验目的

学习使用布局类。

3. 实验要求

编写一个应用程序,有一个窗口,该窗口的布局为 BorderLayout。在窗口的中心添加一个 JPanel 容器,该布局是 7 行 7 列的 GriderLayout,用来显示日历。在窗口的北面添加一个 JPanel 容器 pNorth,其布局是 FlowLayout,pNorth 中放置两个按钮:nextMonth 和 previousMonth。单击 nextMonth 按钮,可以显示当前月的下一个月的日历;单击 previousMonth 按钮,可以显示当前月的上一个月的日历。

4. 运行效果示例

程序运行效果如图 10.2 所示。

5. 程序模板

请按模板要求,将【代码】替换为 Java 程序代码。

```
// CalendarPanel.java
import java.awt. * ;
import javax.swing. * ;
import java.time. * ;
public class CalendarPanel extends JPanel {
    GiveCalendar calendar;    //见主教材例子 9.19
    LocalDate [] dataArrays;
```

图 10.2　布局与日历

```java
public LocalDate currentDate;
String name[] = {"日","一","二","三", "四","五","六"};
public CalendarPanel() {
    calendar = new GiveCalendar();
    currentDate = LocalDate.now();
    dataArrays = calendar.getCalendar(currentDate);
    showCalendar(dataArrays);
}
public void showCalendar(LocalDate [] dataArrays) {
    removeAll();
    GridLayout grid = new GridLayout(7,7);
    【代码 1】          //把当前容器的布局设置为 grid
    JLabel [] titleWeek = new JLabel[7];
    JLabel [] showDay = new JLabel[42];
    for(int i = 0;i < 7;i++){
        titleWeek[i] = new JLabel(name[i],JLabel.CENTER);
        【代码 2】     //将组件 titleWeek[i]添加到当前容器
    }
    for(int i = 0;i < 42;i++){
        showDay[i] = new JLabel("",JLabel.CENTER);
    }
    for(int k = 7,i = 0;k < 49;k++,i++){
        add(showDay[i]);
    }
    int space = printSpace(dataArrays[0].getDayOfWeek());
    for(int i = 0,j = space + i;i < dataArrays.length;i++,j++){
        showDay[j].setText("" + dataArrays[i].getDayOfMonth());
    }
    repaint();
}
public void setNext(){
    currentDate = currentDate.plusMonths(1);
    dataArrays = calendar.getCalendar(currentDate);
    showCalendar(dataArrays);
}
public void setPrevious(){
    currentDate = currentDate.plusMonths(-1);
    dataArrays = calendar.getCalendar(currentDate);
    showCalendar(dataArrays);
}
public int printSpace(DayOfWeek x) {
    int n = 0;
    switch(x) {
        case SUNDAY: n = 0;
                    break;
        case MONDAY: n = 1;
                    break;
        case TUESDAY: n = 2;
                    break;
        case WEDNESDAY:n = 3;
                        break;
```

```java
                case THURSDAY: n = 4;
                                break;
                case FRIDAY: n = 5;
                                break;
                case SATURDAY: n = 6;
                                break;
        }
        return n;
    }
}
```

// ShowCalendar. java

```java
import javax.swing. * ;
import java.awt.event. * ;
public class ShowCalendar extends JFrame {
    CalendarPanel showCalendar;
    JButton nextMonth;
    JButton previousMonth;
    JLabel showYear,showMonth;
    public ShowCalendar() {
        showCalendar = new CalendarPanel();
        add(showCalendar);
        nextMonth = new JButton("下一个月");
        previousMonth = new JButton("上一个月");
        showYear = new JLabel();
        showMonth = new JLabel();
        JPanel pNorth = new JPanel();
        showYear.setText("" + showCalendar.currentDate.getYear() + "年");
        showMonth.setText("" + showCalendar.currentDate.getMonthValue() + "月");
        pNorth.add(showYear);
        pNorth.add(previousMonth);
        pNorth.add(nextMonth);
        pNorth.add(showMonth);
        【代码3】          //将 pNorth 添加到窗口的 NORTH 区域
        nextMonth.addActionListener((e) ->{
            showCalendar.setNext();
            showYear.setText("" + showCalendar.currentDate.getYear() + "年");
            showMonth.setText("" + showCalendar.currentDate.getMonthValue() + "月");
        });
        previousMonth.addActionListener((e) ->{
            showCalendar.setPrevious();
            showYear.setText("" + showCalendar.currentDate.getYear() + "年");
            showMonth.setText("" + showCalendar.currentDate.getMonthValue() + "月");
        });
        setSize(290,260);
        setVisible(true);
        setDefaultCloseOperation(JFrame.DISPOSE_ON_CLOSE);
    }
    public static void main(String args[]){
        new ShowCalendar();
    }
}
```

第
10
章

Java Swing 图形用户界面

6. 实验指导

BorderLayout 是一种简单的布局策略,如果一个容器使用这种布局,那么容器空间被简单地划分为东、西、南、北、中 5 个区域,中间的区域最大。每加入一个组件都应该指明把这个组件添加在哪个区域中,区域由 BorderLayout 中的静态常量 CENTER、NORTH、SOUTH、WEST、EAST 表示。GridLayout 是使用较多的布局编辑器,其基本布局策略是:把容器划分成若干行乘若干列的网格区域,组件就位于这些划分出来的小格中。GridLayout 比较灵活,划分多少网格由程序自由控制,而且组件定位也比较精确。

7. 实验后的练习

在 ShowCalendar 窗口的 SOUTH 区域显示日历上的年份和月份。

8. 填写实验报告

实验编号:1002　　　学生姓名:　　　　　　实验时间:　　　　　　　教师签字:

实验效果评价	A	B	C	D	E
模板完成情况					
实验后练习效果评价	A	B	C	D	E
练习完成情况					
总评					

实验 3　华　容　道

1. 相关知识点

任何组件上都可以发生鼠标事件,例如,鼠标进入组件、鼠标退出组件、在组件上方单击鼠标、拖动鼠标等都触发鼠标事件,即导致 MouseEvent 类自动创建一个事件对象。事件源注册监视器的方法是 addMouseListener(MouseListener listener)。当某个组件处于激活状态时,如果用户敲击键盘上的一个键就导致这个组件触发 KeyEvent 事件。使用 KeyListener 接口处理键盘事件。组件可以触发焦点事件。当组件具有焦点监视器后,如果组件从无输入焦点变成有输入焦点或从有输入焦点变成无输入焦点,都会触发 FocusEvent 事件。使用 FocusListener 接口处理焦点事件。

2. 实验目的

学习焦点、鼠标和键盘事件。

3. 实验要求

华容道是大家很熟悉的一个传统智力游戏。编写 GUI 程序,用户通过键盘和鼠标事件来实现曹操、关羽等人物的移动。

4. 运行效果示例

程序运行效果如图 10.3 所示。

5. 程序模板

认真阅读、调试模板程序,完成实验后的练习。

```
//MainClass.java
public class MainClass {
```

```java
    public static void main(String args[]) {
        new Hua_Rong_Road();
    }
}
```
Hua_Rong_Road. java
```java
    import java.awt. * ;
    import javax.swing. * ;
    import java.awt.event. * ;
    public class Hua _ Rong _ Road extends JFrame
implements MouseListener, KeyListener, ActionListener {
        Person person[] = new Person[10];
        JButton left, right, above, below;
        JButton restart = new JButton("重新开始");
        public Hua_Rong_Road() {
            init();
                setDefaultCloseOperation ( JFrame.
DISPOSE_ON_CLOSE);
            setBounds(100, 100, 320, 500);
            setVisible(true);
            validate();
        }
        public void init() {
            setLayout(null);
            add(restart);
            restart.setBounds(100, 320, 120, 35);
            restart.addActionListener(this);
            String name[] = {"曹操", "关羽", "张", "刘", "周", "黄", "兵", "兵", "兵", "兵"};
            for(int k = 0; k < name.length; k++) {
                person[k] = new Person(k, name[k]);
                person[k].addMouseListener(this);
                person[k].addKeyListener(this);
                add(person[k]);
            }
            person[0].setBounds(104, 54, 100, 100);
            person[1].setBounds(104, 154, 100, 50);
            person[2].setBounds(54,  154, 50, 100);
            person[3].setBounds(204, 154, 50, 100);
            person[4].setBounds(54,  54, 50, 100);
            person[5].setBounds(204, 54, 50, 100);
            person[6].setBounds(54, 254, 50, 50);
            person[7].setBounds(204, 254, 50, 50);
            person[8].setBounds(104, 204, 50, 50);
            person[9].setBounds(154, 204, 50, 50);
            person[10].requestFocus();
            left = new JButton();
            right = new JButton();
            above = new JButton();
            below = new JButton();
```

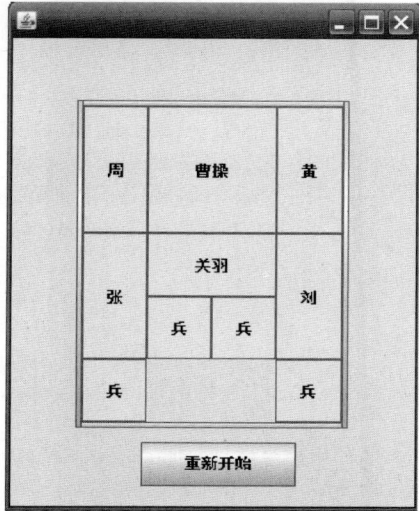

图 10.3　华容道

Java Swing 图形用户界面

```java
        add(left);
        add(right);
        add(above);
        add(below);
        left.setBounds(49,49,5,260);
        right.setBounds(254,49,5,260);
        above.setBounds(49,49,210,5);
        below.setBounds(49,304,210,5);
        validate();
    }
    public void keyTyped(KeyEvent e){}
    public void keyReleased(KeyEvent e){}
    public void keyPressed(KeyEvent e) {
        Person man = (Person)e.getSource();
        if(e.getKeyCode() == KeyEvent.VK_DOWN)
            go(man,below);
        if(e.getKeyCode() == KeyEvent.VK_UP)
            go(man,above);
        if(e.getKeyCode() == KeyEvent.VK_LEFT)
            go(man,left);
        if(e.getKeyCode() == KeyEvent.VK_RIGHT)
            go(man,right);
    }
    public void mousePressed(MouseEvent e) {
        Person man = (Person)e.getSource();
        int x = -1,y = -1;
        x = e.getX();
        y = e.getY();
        int w = man.getBounds().width;
        int h = man.getBounds().height;
        if(y > h/2)
            go(man,below);
        if(y < h/2)
            go(man,above);
        if(x < w/2)
            go(man,left);
        if(x > w/2)
            go(man,right);
    }
    public void mouseReleased(MouseEvent e) {}
    public void mouseEntered(MouseEvent e)  {}
    public void mouseExited(MouseEvent e)   {}
    public void mouseClicked(MouseEvent e)  {}
    public void go(Person man,JButton direction) {
        boolean move = true;
        Rectangle manRect = man.getBounds();
        int x = man.getBounds().x;
        int y = man.getBounds().y;
```

```java
                if(direction == below)
                    y = y + 50;
                else if(direction == above)
                    y = y - 50;
                else if(direction == left)
                    x = x - 50;
                else if(direction == right)
                    x = x + 50;
                manRect.setLocation(x,y);
                Rectangle directionRect = direction.getBounds();
                for(int k = 0;k < 10;k++) {
                    Rectangle personRect = person[k].getBounds();
                    if((manRect.intersects(personRect))&&(man.number! = k))
                        move = false;
                }
                if(manRect.intersects(directionRect))
                        move = false;
                if(move == true)
                        man.setLocation(x,y);
        }
        public void actionPerformed(ActionEvent e) {
            dispose();
            new Hua_Rong_Road();
        }
    }

//Person.java
import javax.swing. * ;
import java.awt. * ;
import java.awt.event. * ;
public class Person extends JButton implements FocusListener {
    int number;
    Color c = new Color(255,245,170);
    Font font = new Font("宋体",Font.BOLD,12);
    Person(int number,String s) {
        super(s);
        setBackground(c);
        setFont(font);
        this.number = number;
        c = getBackground();
        addFocusListener(this);
    }
    public void focusGained(FocusEvent e) {
        setBackground(Color.red);
    }
    public void focusLost(FocusEvent e) {
        setBackground(c);
    }
}
```

6. 实验指导

用 KeyEvent 类的 public int getKeyCode()方法可以判断哪个键被按下、敲击或释放，getKeyCode 方法返回一个键码值。用 KeyEvent 类的 public char getKeyChar()方法可以判断哪个键被按下、敲击或释放，getKeyChar()方法返回键上的字符。

7. 实验后的练习

一个按钮 button 调用 setIcon(Icon icon)方法可以设置按钮 button 上的图标，例如可以用 ImageIcon 创建一个对象 ImageIcon guanyu＝new ImageIcon("ok.jpg")，然后按钮 button 调用 setIcon(Icon icon)方法 button.setIcon(guanyu)设置按钮 button 上的图标是图像 ok.jpg。

改进程序，使得代表华容道中人物的按钮上有一个代表人物形象的图像。

8. 填写实验报告

实验编号：1003　　学生姓名：　　　　实验时间：　　　　教师签字：

实验效果评价	A	B	C	D	E
模板完成情况					
实验后练习效果评价	A	B	C	D	E
练习完成情况					
总评					

实 验 答 案

实验 1

【代码 1】　textOne＝new JTextField(5);

【代码 2】　getProblem.addActionListener(teacherZhang);

【代码 3】　giveAnswer.addActionListener(teacherZhang);

【代码 4】　textResult.addActionListener(teacherZhang);

实验 2

【代码 1】　setLayout(grid)

【代码 2】　add(titleWeek[i]);

【代码 3】　add(pNorth,java.awt.BorderLayout.NORTH);

实验 3

阅读代码，无代码答案。

第11章　对　话　框

实验 1　字体对话框

1. 相关知识点

创建对话框与创建窗口类似,通过建立 JDialog 的子类来建立一个对话框类,然后这个类的一个实例,即这个子类创建的一个对象,就是一个对话框。对话框分为无模式和有模式两种。如果一个对话框是有模式的对话框,那么当这个对话框处于激活状态时,只让程序响应对话框内部的事件,程序不能再激活它所依赖的窗口或组件,而且它将堵塞其他线程的执行,直到该对话框消失不可见。无模式对话框处于激活状态时,程序仍能激活它所依赖的窗口或组件,它也不堵塞线程的执行。

2. 实验目的

学习使用对话框。

3. 实验要求

编写一个 FontFamily 类,该类对象可以获取当前机器可用的全部字体名称。

编写一个 JDialog 的子类 FontDialog,该类为 FontFamilyNames 对象维护的数据提供视图,要求 FontDialog 对象使用下拉列表显示 FontFamilyNames 对象维护的全部字体的名称,当选择下拉列表中的某个字体名称后,FontDialog 对象使用标签显示该字体的效果。要求对话框提供返回下拉列表中所选择的字体名称的方法。

编写一个窗口,该窗口设有"设置字体"按钮和一文本区对象,当单击该按钮时,弹出一个 FontDialog 创建的对话框,然后根据用户在对话框下拉列表中选择的字体来显示文本区中的文本。

4. 运行效果示例

程序运行效果如图 11.1 所示。

5. 程序模板

按模板要求,将【代码】部分替换为 Java 程序代码。

图 11.1　"字体"对话框

```
//FontDialogMainClass.java
public class FontDialogMainClass {
    public static void main(String args[]) {
        FrameHaveDialog win = new FrameHaveDialog();
    }
}
```

```java
//FontFamilyNames.java
import java.awt.GraphicsEnvironment;
public class FontFamilyNames {
      String allFontNames[];
      public String [] getFontName() {
         GraphicsEnvironment ge = GraphicsEnvironment.getLocalGraphicsEnvironment();
         allFontNames = ge.getAvailableFontFamilyNames();
         return allFontNames;
      }
}
```

```java
//FontDialog.java
import java.awt.event. * ;
import java.awt. * ;
import javax.swing. * ;
public class FontDialog extends JDialog implements ItemListener,ActionListener {
    FontFamilyNames fontFamilyNames;
    int fontSize = 38;
    String fontName;
    JComboBox fontNameList,fontSizeList;
    JLabel label;
    Font font;
    JButton yes,cancel;
    static int YES = 1,NO = 0;
    int state = - 1;
    FontDialog(JFrame f) {
        super(f);
        setTitle("字体");
        font = new Font("宋体",Font.PLAIN,12);
        fontFamilyNames = new FontFamilyNames();
        【代码 1】//当前对话框调用 setModal(boolean b)设置为有模式
        yes = new JButton("Yes");
        cancel = new JButton("cancel");
        yes.addActionListener(this);
        cancel.addActionListener(this);
        label = new JLabel("hello,奥运",JLabel.CENTER);
        fontNameList = new JComboBox();
        fontSizeList = new JComboBox();
        String name[] = fontFamilyNames.getFontName();
        fontNameList.addItem("字体");
        for(int k = 0;k < name.length;k++)
           fontNameList.addItem(name[k]);
        fontSizeList.addItem("大小");
        for(int k = 8;k < 72;k = k + 2)
           fontSizeList.addItem(new Integer(k));
        fontNameList.addItemListener(this);
        fontSizeList.addItemListener(this);
        JPanel pNorth = new JPanel();
        pNorth.add(fontNameList);
        pNorth.add(fontSizeList);
        add(pNorth,BorderLayout.NORTH);
```

```
        add(label,BorderLayout.CENTER);
        JPanel pSouth = new JPanel();
        pSouth.add(yes);
        pSouth.add(cancel);
        add(pSouth,BorderLayout.SOUTH);
        setBounds(100,100,280,170);
        setDefaultCloseOperation(DISPOSE_ON_CLOSE);
        validate();
    }
    public void itemStateChanged(ItemEvent e) {
        if(e.getSource() == fontNameList) {
            fontName = (String)fontNameList.getSelectedItem();
            font = new Font(fontName,Font.PLAIN,fontSize);
        }
        else if(e.getSource() == fontSizeList) {
            Integer m = (Integer)fontSizeList.getSelectedItem();
            fontSize = m.intValue();
            font = new Font(fontName,Font.PLAIN,fontSize);
        }
        label.setFont(font);
        label.repaint();
        validate();
    }
    public void actionPerformed(ActionEvent e) {
        if(e.getSource() == yes) {
            state = YES;
            【代码 2】          //对话框设置为不可见
        }
        else if(e.getSource() == cancel) {
            state = NO;
            【代码 3】          //对话框设置为不可见
        }
    }
    public int getState() {
        return state;
    }
    public Font getFont() {
        return font;
    }
}

//FrameHaveDialog.java
import java.awt.event.*;
import java.awt.*;
import javax.swing.*;
public class FrameHaveDialog extends JFrame implements ActionListener {
    JTextArea text;
    JButton buttonFont;
    FrameHaveDialog() {
        buttonFont = new JButton("设置字体");
        text = new JTextArea("Java 2 实用教程(第四版)");
```

```
            buttonFont.addActionListener(this);
            add(buttonFont,BorderLayout.NORTH);
            add(text);
            setBounds(60,60,300,300);
            setVisible(true);
            validate();
            setDefaultCloseOperation(DISPOSE_ON_CLOSE);
        }
    public void actionPerformed(ActionEvent e) {
        if(e.getSource() == buttonFont) {
            FontDialog dialog = new FontDialog(this);
              dialog.setVisible(true);
            if(dialog.getState() == FontDialog.YES) {
                text.setFont(dialog.getFont());
                text.repaint();
            }
            if(dialog.getState() == FontDialog.NO) {
                text.repaint();
            }
        }
    }
}
```

6. 实验指导

对话框分为无模式和有模式两种。如果一个对话框是有模式的对话框，那么当这个对话框处于激活状态时，只让程序响应对话框内部的事件，程序不能再激活它所依赖的窗口或组件，而且它将堵塞当前线程的执行，直到该对话框消失不可见。可以将任何对象作为 JComboBox 下拉列表的选项。

7. 实验后的练习

给上述实验中的对话框增加设置字体的字形（常规 LPAIN，加粗 BOLD，斜体 ITALIC）功能。可以对 Font 类的 static 常量 LPAIN、BOLD、ITALIC 进行有效的运算，例如 Font.BOLD＋Font.ITALIC 就是加粗的斜体字形。

8. 填写实验报告

实验编号：1101　　　学生姓名：　　　　　实验时间：　　　　　　教师签字：

实验效果评价	A	B	C	D	E
模板完成情况					
实验后练习效果评价	A	B	C	D	E
练习完成情况					
总评					

实验 2　计算平方根

1. 相关知识点

输入对话框含有供用户输入文本的文本框、"确定"和"取消"按钮，是有模式对话框。当

输入对话框可见时,要求用户输入一个字符串。javax. swing 包中的 JOptionPane 类的静态
方法:

```
public static String showInputDialog(Component parentComponent,
                                     Object message,
                                     String title,
                                     int messageType)
```

可以创建一个输入对话框。

消息对话框是有模式对话框,进行一个重要的操作动作之前,最好能弹出一个消息对话
框。可以用 javax. swing 包中的 JOptionPane 类的静态方法:

```
public static void showMessageDialog(Component parentComponent,
                                     String message,
                                     String title,
                                     int messageType)
```

创建一个消息对话框。

2. 实验目的

学习使用输入和消息对话框。

3. 实验要求

编写一个应用程序,程序运行时弹出一个输入对话框,用户使用该对话框输入一个正
数,如果用户出现输入错误(例如,输入非数字字符或负数),程序弹出一个消息对话框,警告
出现了输入错误。如果输入无错误,程序显示正数的平方根。

4. 运行效果示例

程序运行效果如图 11.2 所示。

5. 程序模板

按模板要求,将【代码】部分替换为 Java 程序代码。

图 11.2 输入对话框

```
//InputNumber. java
import javax. swing. * ;
public class InputNumber {
    public static void main(String args[]) {
        double result = 0;
        boolean inputComplete = false;
        while(inputComplete == false) {
            String str =【代码 1】    //弹出输入对话框
            try {
                result = Double. parseDouble(str);
                if(result >= 0)
                    inputComplete = true;
            }
            catch(NumberFormatException exp) {
                【代码 2】        //弹出消息对话框
                inputComplete = false;
            }
        }
        double sqrtRoot = Math. sqrt(result);
```

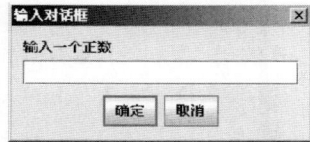

```
        System.out.println(result + "平方根:" + sqrtRoot);
    }
}
```

6. 实验指导

如果消息对话框的第一个参数为 null 时,消息对话框会在屏幕的正前方显示出来。

7. 实验后的练习

编写一个应用程序,程序运行时弹出一个输入对话框,用户使用该对话框输入一个字符串,但不允许输入的字符串的长度超过 10,否则程序弹出一个消息对话框,警告出现了输入错误。如果输入无误,程序输出用户输入的字符串的长度。

8. 填写实验报告

实验编号:1102　　　学生姓名:　　　　　实验时间:　　　　　　教师签字:

实验效果评价	A	B	C	D	E
模板完成情况					
实验后练习效果评价	A	B	C	D	E
练习完成情况					
总评					

实 验 答 案

实验 1

【代码 1】　setModal(true);

【代码 2】　setVisible(false);

【代码 3】　setVisible(false);

实验 2

【代码 1】　JOptionPane.showInputDialog(null,"输入一个正数","输入对话框",
　　　　　　　　　　　　　JOptionPane.PLAIN_MESSAGE);

【代码 2】　JOptionPane.showMessageDialog(null,"输入了非法字符","警告对话框",
　　　　　　　　　　　　　JOptionPane.WARNING_MESSAGE);

第 12 章 输入输出流

实验 1　举重成绩单

1. 相关知识点

FileReader 类是 Reader 的子类,该类创建的对象称为文件字符输入流。文件字符输入流按字符读取文件中的数据。FileReader 流顺序地读取文件,只要不关闭流,每次调用读取方法时就顺序地读取文件中其余的内容,直到文件的末尾或流被关闭。

FileWriter 类是 Writer 的子类,该类创建的对象称为文件字符输出流。字符输出流按字符将数据写入文件中。FileWriter 流顺序地写文件,只要不关闭流,每次调用写入方法就顺序地向文件写入内容,直到流被关闭。

BufferedReader 类创建的对象称为缓冲输入流,该输入流的指向必须是一个 Reader 流,称为 BufferedReader 流的底层流,底层流负责将数据读入缓冲区,BufferedReader 流的源就是这个缓冲区,缓冲输入流再从缓冲区中读取数据。

BufferedWriter 类创建的对象称为缓冲输出流,可将 BufferedWriter 流和 FileWriter 流连接在一起,然后使用 BufferedWriter 流将数据写到目的地,FileWriter 流称为 BufferedWriter 的底层流,BufferedWriter 流将数据写入缓冲区,底层流负责将数据写到最终的目的地。

2. 实验目的

掌握字符输入流、输出流用法。

3. 实验要求

现在有如下格式的举重成绩单(文本格式)score. txt:

姓名:张三,抓举成绩 106 kg,挺举 189kg.
姓名:李四,抓举成绩 108 kg,挺举 186kg.
姓名:周五,抓举成绩 112 kg,挺举 190kg.

要求按行读入成绩单,并在该行的后面加上该运动员的总成绩,然后再将该行写入一个名为 scoreAnalysis. txt 的文件中。

4. 运行效果示例

程序运行效果如图 12.1 所示。

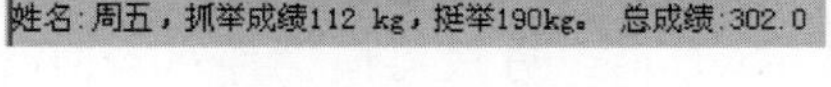

5. 程序模板

按模板要求,将【代码】部分替换为 Java 程序代码。

姓名:张三,抓举成绩106 kg,挺举189kg。　总成绩:295.0
姓名:李四,抓举成绩108 kg,挺举186kg。　总成绩:294.0
姓名:周五,抓举成绩112 kg,挺举190kg。　总成绩:302.0

图 12.1　举重成绩单

```java
//AnalysisResult.java
import java.io.*;
import java.util.*;
public class AnalysisResult {
    public static void main(String args[]) {
        File fRead = new File("score.txt");
        File fWrite = new File("scoreAnalysis.txt");
        try{    Writer out = 【代码1】//以尾加方式创建指向文件 fWrite 的 out 流
                BufferedWriter bufferWrite = 【代码2】//创建指向 out 的 bufferWrite 流
                Reader in = 【代码3】//创建指向文件 fRead 的 in 流
                BufferedReader bufferRead =【代码4】//创建指向 in 的 bufferRead 流
                String str = null;
                while((str = bufferRead.readLine())!= null) {
                    double totalScore = Fenxi.getTotalScore(str);
                    str = str + "总成绩:" + totalScore;
                    System.out.println(str);
                    bufferWrite.write(str);
                    bufferWrite.newLine();
                }
                bufferRead.close();
                bufferWrite.close();
        }
        catch(IOException e) {
            System.out.println(e.toString());
        }
    }
}
```

```java
//Fenxi.java
import java.util.*;
public class Fenxi {
    public static double getTotalScore(String s) {
        String regex = "[^0123456789.]";      //匹配非数字的正则表达式
        String digitMess = s.replaceAll(regex,"*");
        StringTokenizer fenxi = new StringTokenizer(digitMess,"*");
        double totalScore = 0;
        while(fenxi.hasMoreTokens()){
            double score = Double.parseDouble(fenxi.nextToken());
            totalScore = totalScore + score;
        }
        return totalScore;
    }
}
```

6. 实验指导

BufferedReader 对象调用 readLine()方法可读取文件的一行。BufferedWriter 对象调用 newLine()方法可向文件写入回行。

7. 实验后的练习

有如下格式的成绩单(文本格式)score.txt。

姓名:张三,数学 72 分,物理 67 分,英语 70 分。
姓名:李四,数学 92 分,物理 98 分,英语 88 分。
姓名:周五,数学 68 分,物理 80 分,英语 77 分。

要求按行读取成绩单,并在该行的末尾加上该同学的总成绩,然后再将该行写入一个名为 scoreAnalysis. txt 的文件中。

8. 填写实验报告

实验编号:1201　　学生姓名:　　　　实验时间:　　　　教师签字:

实验效果评价	A	B	C	D	E
模板完成情况					
实验后练习效果评价	A	B	C	D	E
练习完成情况					
总评					

实验 2　统计英文单词

1. 相关知识点

可以使用 Scanner 类和正则表达式来解析文件,例如,要解析出文件中的特殊单词、数字等信息。使用 Scanner 类和正则表达式来解析文件的特点是以时间换取空间,即解析的速度相对较慢,但节省内存。例如,解析 hello. txt 文件的步骤如下:

(1)创建文件。

```
File file = new File("hello.java");
```

(2)创建指向文件的 Scanner 对象。

```
Scanner sc = new Scanner(file);
```

(3)Scanner 对象设置分隔标记。

```
sc.useDelimiter(正则表达式);
```

Scanner 对象将正则表达式作为分隔标记来解析文件。

2. 实验目的

掌握使用 Scanner 类解析文件。

3. 实验要求

使用 Scanner 类和正则表达式统计一篇英文中的单词,要求如下:

(1)一共出现了多少个单词。

(2)有多少个互不相同的单词。

(3)按单词出现频率大小顺序输出单词。

4. 运行效果示例

程序运行效果如图 12.2 所示。

5. 程序模板

按模板要求,将【代码】部分替换为 Java 程序代码。

```
共有12个英文单词
有5个互不相同英文单词
按出现频率排列:
are:0.333    students:0.333    We:0.167    you:0.083    goods:0.083
```

图 12.2　统计单词

```java
//WordStatistic.java
import java.io.*;
import java.util.*;
public class WordStatistic {
    Vector<String> allWord,noSameWord;
    File file = new File("english.txt");
    Scanner sc = null;
    String regex;
    WordStatistic() {
        allWord = new Vector<String>();
        noSameWord = new Vector<String>();
        //regex 是由空格、数字和符号(!"#$%&'()*+,-./:;<=>?@[\]^_`{|}~)组成的正则
        //表达式
        regex = "[\\s\\d\\p{Punct}]+";
        try{  sc = 【代码1】 //创建指向 file 的 sc
            【代码2】//sc 调用 useDelimiter(String regex)方法,向参数传递 regex
        }
        catch(IOException exp) {
            System.out.println(exp.toString());
        }
    }
    void setFileName(String name) {
        file = new File(name);
        try{  sc = new Scanner(file);
            sc.useDelimiter(regex);
        }
        catch(IOException exp) {
            System.out.println(exp.toString());
        }
    }
    public void wordStatistic() {
        try{  while(sc.hasNext()){
                String word = sc.next();
                allWord.add(word);
                if(!noSameWord.contains(word))
                    noSameWord.add(word);
            }
        }
        catch(Exception e){}
    }
    public Vector<String> getAllWord() {
        return allWord;
    }
    public Vector<String> getNoSameWord() {
        return noSameWord;
```

```
        }
    }

//OutputWordMess.java
import java.util. * ;
public class OutputWordMess{
    public static void main(String args[]) {
        Vector < String > allWord,noSameWord;
        WordStatistic statistic = new WordStatistic();
        statistic.setFileName("hello.txt");
        【代码3】//statistic 调用 wordStatistic()方法
        allWord = statistic.getAllWord();
        noSameWord = statistic.getNoSameWord();
        System.out.println("共有" + allWord.size() + "个英文单词");
        System.out.println("有" + noSameWord.size() + "个互不相同英文单词");
        System.out.println("按出现频率排列:");
        int count[] = new int[noSameWord.size()];
        for(int i = 0;i < noSameWord.size();i++) {
            String s1 = noSameWord.elementAt(i);
                for(int j = 0;j < allWord.size();j++) {
                    String s2 = allWord.elementAt(j);
                    if(s1.equals(s2))
                        count[i]++;
                }
        }
        for(int m = 0;m < noSameWord.size();m++) {
            for(int n = m + 1;n < noSameWord.size();n++) {
                if(count[n]> count[m]) {
                    String temp = noSameWord.elementAt(m);
                    noSameWord.setElementAt(noSameWord.elementAt(n),m);
                    noSameWord.setElementAt(temp,n);
                    int t = count[m];
                    count[m] = count[n];
                    count[n] = t;
                }
            }
        }
        for(int m = 0;m < noSameWord.size();m++) {
            double frequency = (1.0 * count[m])/allWord.size();
            System.out.printf(" % s: % - 7.3f",noSameWord.elementAt(m),frequency);
        }
    }
}
```

6. 实验指导

  java.util 包中的 Vector 类负责创建一个向量对象。如果你已经学会使用数组,那么可以很容易学会使用向量。当创建一个向量时不用像数组那样必须给出数组的大小。向量创建后,例如"Vector < String > a = new Vector < String >();",a 可以使用 add(String o)把

String 对象添加到向量的末尾,向量的大小会自动增加。向量 a 可以使用 elementAt(int index)获取指定索引处的向量的元素(索引初始位置是 0);a 可以使用方法 size()获取向量所含有的元素的个数。如果 Scanner 对象不使用 useDelimiter 设置使用怎样的正则表达式做分隔标记,那么 Scanner 对象使用空格作为分隔标记。

7. 实验后的练习
按字典序输出全部不相同的单词。

8. 填写实验报告

实验编号:1202　　　　学生姓名:　　　　　　实验时间:　　　　　　　　教师签字:

实验效果评价	A	B	C	D	E
模板完成情况					
实验后练习效果评价	A	B	C	D	E
练习完成情况					
总评					

实验 3　密　码　流

1. 相关知识点
Console 流可以读取用户在命令行输入的密码,而且用户在命令行输入的密码不会显示在命令行中。首先使用 System 类调用 console()方法返回一个 Console 流:

```
Console cons = System.console();
```

然后,Console 流调用 readPassword()方法读取用户从键盘输入的密码,并将密码以一个 char 数组返回:

```
char[] passwd = cons.readPassword();.
```

2. 实验目的
掌握 Console 流的使用。

3. 实验要求
程序在读取文件时,要求用户输入的密码是 tiger123。如果输入了正确的密码,程序将读取名字是 score.txt 的文件。程序允许用户两次输入的密码不正确,一旦超过两次,程序将立刻退出。

4. 运行效果示例
程序运行效果如图 12.3 所示。

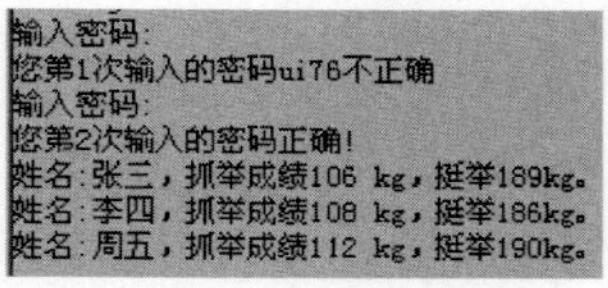

5. 程序模板
上机调试下列模板。

```
//PassWord.java
import java.io.*;
public class PassWord {
    public static void main(String args[]) {
```

输入密码:
您第1次输入的密码ui76不正确
输入密码:
您第2次输入的密码正确!
姓名:张三, 抓举成绩106 kg, 挺举189kg。
姓名:李四, 抓举成绩108 kg, 挺举186kg。
姓名:周五, 抓举成绩112 kg, 挺举190kg。

图 12.3　使用密码流

```
                boolean success = false;
                int count = 0;
                Console cons;
                char[ ] passwd;
                cons = System.console();
                while(true) {
                    System.out.print("输入密码:");
                    passwd = cons.readPassword();
                    count++;
                    String password = new String(passwd);
                    if (password.equals("tiger123")) {
                        success = true;
                         System.out.println("您第" + count + "次输入的密码正确!");
                        break;
                    }
                    else {
                        System.out.println("您第" + count + "次输入的密码" + password + "不正确");
                    }
                    if(count == 3) {
                        System.out.println("您" + count + "次输入的密码都不正确");
                        System.exit(0);
                    }
                }
                if(success) {
                        File file = new File("score.txt");
                        try {
                            FileReader inOne = new FileReader(file);
                            BufferedReader inTwo = new BufferedReader(inOne);
                            String s = null;
                            while((s = inTwo.readLine())! = null) {
                                System.out.println(s);
                            }
                            inOne.close();
                            inTwo.close();
                        }
                        catch(IOException exp){}
                }
            }
        }
```

6. 实验指导

Console 流是 JDK 1.6 版本在 java.io 包中新增的类,所以必须使用不低于 JDK 1.6 版本的 Java 开发环境调试模板代码。

7. 实验后的练习

编写一个程序,程序运行时,要求用户输入的密码是 hello。如果用户输入了正确的密码,程序将输出"你好,欢迎你!"。程序允许用户两次输入的密码不正确,一旦超过两次,程序将立刻退出。

8. 填写实验报告

实验编号：1203　　　学生姓名：　　　　　实验时间：　　　　　教师签字：

实验效果评价	A	B	C	D	E
模板完成情况					
实验后练习效果评价	A	B	C	D	E
练习完成情况					
总评					

实 验 答 案

实验 1

【代码 1】　new FileWriter(fWrite);

【代码 2】　new BufferedWriter(out);

【代码 3】　new FileReader(fRead);

【代码 4】　new BufferedReader(in);

实验 2

【代码 1】　new Scanner(file);

【代码 2】　sc. useDelimiter(regex);

【代码 3】　statistic. wordStatistic();

实验 3

无代码答案。

第13章 | 泛型与集合框架

实验 1 　按身高排序

1. 相关知识点

程序可能经常需要对链表按照某种大小关系排序,以便查找一个数据是否和链表中某个节点上的数据相等。Collections 类提供的用于排序和查找的类方法如下:

```
public static sort(List < E > list)
```

该方法可以将 list 中的元素升序排列。

int binarySearch(List < T > list,T key,CompareTo < T > c) 使用折半法查找 list 是否含有和参数 key 相等的元素,如果 key 链表中某个元素相等,方法返回和 key 相等的元素在链表中的索引位置(链表的索引位置从 0 开始),否则返回−1。

排序链表或查找某对象是否和链表中的节点中的对象相同,都涉及对象的大小关系。

String 类实现了 Comparable 接口,规定字符串按字典顺序比较大小。如果链表中存放的对象不是字符串数据,那么创建对象的类必须实现 Comparable 接口,即实现该接口中的方法 int compareTo(Object b)来规定对象的大小关系(原因是:sort()方法在排序时需要调用名字是 compareTo()的方法比较链表中对象的大小关系,即 Java 提供的 Collections 类中的 sort()方法是面向 Comparable 接口设计的)。

2. 实验目的

掌握 LinkedList < E >类和 Collections 类提供的用于排序和查找链表中的数据的方法。

3. 实验要求

编写 Student 类,要求该类通过实现 Comparable 接口规定该类的对象的大小关系,按 height 值的大小确定大小关系,即学生按其身高确定大小关系。

链表添加 3 个 Student 对象,Collections 调用 sort()方法将链表中的对象按其 height 值升序排序,并查找一个对象的 height 值是否和链表中某个对象的 height 值相同。

4. 运行效果示例

程序运行效果如图 13.1 所示。

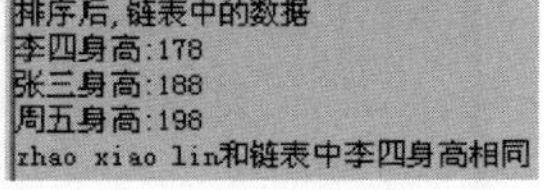

5. 程序模板

阅读下列模板并上机调试,完成实验后的练习。

```
//Student.java
public class Student implements Comparable < Student > {
    int height = 0;
```

```
排序前,链表中的数据
张三身高:188
李四身高:178
周五身高:198
排序后,链表中的数据
李四身高:178
张三身高:188
周五身高:198
zhao xiao lin和链表中李四身高相同
```

图 13.1　按身高排序、查找

```
        String name;
        Student(String n, int h) {
            name = n;
            height = h;

        }
        public int compareTo(Student b) {    // 两个 Student 对象相等当且仅当二者的 height 值相等
            return (this.height - b.height);
        }
    }

//FindStudent.java
import java.util. * ;
public class FindStudent {
    public static void main(String args[ ]) {
        List < Student > list = new LinkedList < Student >();
        list.add(new Student("张三",188));
        list.add(new Student("李四",178));
        list.add(new Student("周五",198));
        Iterator < Student > iter = list.iterator();
        System.out.println("排序前,链表中的数据");
        while(iter.hasNext()){
            Student stu = iter.next();
            System.out.println(stu.name + "身高:" + stu.height);
        }
        Collections.sort(list);
        System.out.println("排序后,链表中的数据");
        iter = list.iterator();
        while(iter.hasNext()){
            Student stu = iter.next();
            System.out.println(stu.name + "身高:" + stu.height);
        }
        Student zhaoLin = new Student("zhao xiao lin",178);
        int index = Collections.binarySearch(list,zhaoLin,null);
        if(index >= 0) {
            System.out.println(zhaoLin.name + "和链表中" + list.get(index).name + "身高相同");
        }
    }
}
```

6. 实验指导

需要将实验中的两个 Java 文件保存在同一文件中,分别编译或只编译主类,然后运行主类即可。

7. 实验后的练习

编写 TV 类,要求该类通过实现 Comparable 接口规定该类的对象的大小关系,按 price 值的大小确定大小关系,即电视机按其价格确定大小关系。

链表添加 5 个 TV 对象,Collections 调用 sort()方法将链表中的对象按其 price 值升序排序,并查找一个 TV 对象的 price 值是否和链表中某个对象的 price 值相同。

8. 填写实验报告

实验编号：1301　　　学生姓名：　　　　　实验时间：　　　　　教师签字：

实验效果评价	A	B	C	D	E
模板完成情况					
实验后练习效果评价	A	B	C	D	E
练习完成情况					
总评					

实验 2　电　话　簿

1. 相关知识点

HashMap < K , V >对象采用散列表这种数据结构存储数据，习惯上称 HashMap < K , V > 对象为散列映射。散列映射用于存储"键/值"对，允许将任何数量的"键/值"对存储在一起。键不可以发生逻辑冲突，即不要两个数据项使用相同的键，如果出现两个数据项对应相同的键，那么，先前散列映射中的"键/值"对将被替换。对于经常需要进行查找的数据可以采用散列映射来存储，即为数据指定一个查找它的关键字，然后按住"键/值"对，将关键字和数据一并存入散列映射中。

2. 实验目的

掌握用散列映射来存储数据。

3. 实验要求

编写电话号码查询的 GUI 程序，具体要求如下：

使用一个文本文件 phone.txt 来管理电话号码，每行是某个人的姓名和电话信息。要求姓名和电话信息之间用"♯"分隔，如下所示：

phone.txt

张三♯ 手机 13811111111,座机 010－65451299♯
李四♯ 手机 13922222222,座机 020－65451299♯

使用 Scanner 解析 phone.txt 中的信息，然后将"姓名－电话信息"作为"键/值"存储到散列映射中供用户查询。

用户在界面的一个文本框中输入一个姓名（可以模糊查询），回车确认或单击"查询"按钮，文本区显示姓名和对应的电话信息。

4. 运行效果示例

程序运行效果如图 13.2 所示。

5. 程序模板

阅读下列模板并上机调试，完成实验后的练习。

```
// WindowPhone.java
import java.awt. * ;
import javax.swing. * ;
public class WindowPhone extends JFrame {
```

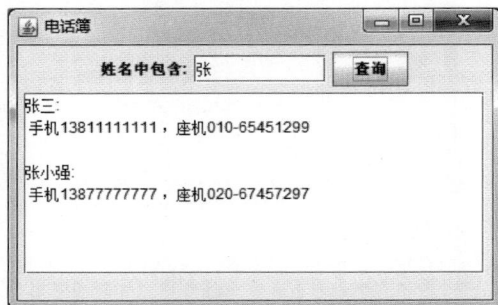

图 13.2　电话簿

泛型与集合框架

```java
        JTextField inputText;
        JButton enter;
        JTextArea showText;
        HandleQuery query;        //监视器
    WindowPhone() {
            setLayout(new FlowLayout());
            inputText = new JTextField(10);
            enter = new JButton("查询");
            showText = new JTextArea(8,36);
            add(new JLabel("姓名中包含:"));
            add(inputText);
            add(enter);
            add(new JScrollPane(showText));
            query = new HandleQuery();
            query.setView(this);
            enter.addActionListener(query);
            inputText.addActionListener(query);
            setBounds(100,100,460,380);
            setVisible(true);
            setDefaultCloseOperation(JFrame.DISPOSE_ON_CLOSE);
    }
    public static void main(String args[]) {
            WindowPhone win = new WindowPhone();
            win.setTitle("电话簿");
    }
}
// HandleQuery.java
import java.awt.event.*;
import java.util.*;
import java.io.File;
public class HandleQuery implements ActionListener {
    WindowPhone view;
    HashMap<String,String> hashtable;
    File file = new File("phone.txt");
    Scanner sc = null;
    HandleQuery() {
        hashtable = new HashMap<String,String>();
        try{   sc = new Scanner(file);
                sc.useDelimiter("[＃]+");
                while(sc.hasNext()){
                    String name = sc.next();
                    String phoneMess = sc.next();
                    hashtable.put(name,phoneMess);
                }
        }
        catch(Exception e){}
    }
    public void setView(WindowPhone view) {
        this.view = view;
    }
    public void actionPerformed(ActionEvent e) {
```

```
String name = view.inputText.getText().trim();
Set < String > keySet = hashtable.keySet();          //得到 hashtable 中的全部 Key
Iterator < String > iter = keySet.iterator();
while(iter.hasNext()) {
    String nameKey = iter.next();
    if(nameKey.contains(name)){
        String phoneMess = hashtable.get(nameKey);
        view.showText.append(nameKey + ":\n" + phoneMess + "\n");
    }
  }
 }
}
```

6. 实验指导

散列映射在它需要更多的存储空间时会自动增大容量。例如,如果散列映射的装载因子是 0.75,那么当散列映射的容量被使用了 75% 时,它就把容量增加到原始容量的 2 倍。

7. 实验后的练习

参照本实验编写一个日汉小字典。

8. 填写实验报告

实验编号:1302   学生姓名: 实验时间: 教师签字:

实验效果评价	A	B	C	D	E
模板完成情况					
实验后练习效果评价	A	B	C	D	E
练习完成情况					
总评					

实验 3　演出节目单

1. 相关知识点

TreeSet < E > 类是实现 Set < E > 接口的类,它的大部分方法都是接口方法的实现。称 TreeSet < E > 类的对象(实例)为树集。树集是一棵平衡二叉查询树,因此树集的任何一个结点 node 的左子树中所有结点的对象都小于 node 中的对象,node 的右子树中所有结点的对象都大于或等于 node 中的对象,node 的左、右子树仍然都是平衡二叉查询树。

2. 实验目的

本实验的目的是让学生掌握 TreeSet < E > 类的使用。

3. 实验要求

编写一个应用程序,用户分别在两个文本框中输入节目名称和演出时间,程序按演出时间排序节目,并将节目名称和演出时间显示在同一个文本区中。

4. 运行结果示例

程序运行结果如图 13.3 所示。

泛型与集合框架

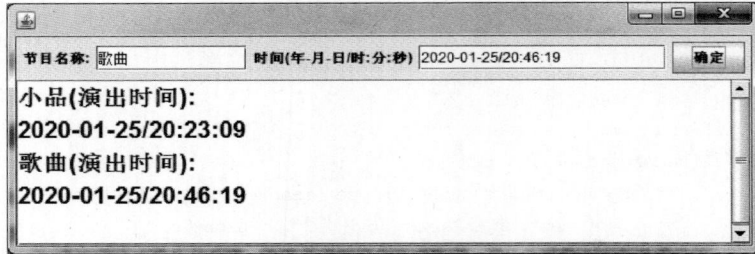

图 13.3　节目单

5. 程序模板

认真阅读、调试模板程序,完成实验后的练习。

```java
//Perform.java
public class Perform {          //主类
    public static void main(String args[]){
        new ShowFrame();
    }
}
//Program.java
import java.time.LocalDateTime;
public class Program implements Comparable<Program> {
    LocalDateTime time = null;
    String name;
    Program(String name,LocalDateTime time) {
        this.name = name;
        this.time = time;
    }
    public int compareTo(Program b) {                          // 确定 Program 对象之间的大小关系
        return time.compareTo(b.getLocalDateTime());
    }
    public String getName() {
        return name;
    }
    public LocalDateTime getLocalDateTime() {
        return time;
    }
}
//ShowFrame.java
import java.awt.*;
import java.awt.event.*;
import java.util.*;
import javax.swing.*;
import java.time.LocalDateTime;
public class ShowFrame extends JFrame implements ActionListener {
    JTextArea showArea;
    JTextField inputName,inputTime;
    JButton button;
    TreeSet<Program> treeSet;
```

```
    ShowFrame() {
        treeSet = new TreeSet < Program >();
        showArea = new JTextArea();
        showArea.setFont(new Font("",Font.BOLD,20));
        inputName = new JTextField(12);
        inputTime = new JTextField(20);
        button = new JButton("确定");
        button.addActionListener(this);
        JPanel pNorth = new JPanel();
        pNorth.add(new JLabel("节目名称:"));
        pNorth.add(inputName);
        pNorth.add(new JLabel("时间(年-月-日/时:分:秒)"));
        pNorth.add(inputTime);
        pNorth.add(button);
        add(pNorth,BorderLayout.NORTH);
        add(new JScrollPane(showArea),BorderLayout.CENTER);
        setSize(620,320);
        setVisible(true);
        setDefaultCloseOperation(DISPOSE_ON_CLOSE);
        validate();
    }
    public void actionPerformed(ActionEvent e) {
        String name = inputName.getText();
        String timeStr = inputTime.getText();
        StringTokenizer jiexi = new StringTokenizer(timeStr,"-/: ");
        int year = Integer.parseInt(jiexi.nextToken());
        int month = Integer.parseInt(jiexi.nextToken());
        int day = Integer.parseInt(jiexi.nextToken());
        int hour = Integer.parseInt(jiexi.nextToken());
        int minute = Integer.parseInt(jiexi.nextToken());
        int second = Integer.parseInt(jiexi.nextToken());
        LocalDateTime time = LocalDateTime.of(year,month,day,hour,minute,second);
        Program program = new Program(name,time);
        treeSet.add(program);
        show(treeSet);
    }
    public void show(TreeSet tree) {
        showArea.setText(null);
        Iterator < Program > te = treeSet.iterator();
        while(te.hasNext()) {
            Program pro = te.next();
            String pattern = "%tY-%<tm-%<td/%<tT";
            String strTime = String.format(pattern,pro.getLocalDateTime());
            showArea.append(pro.getName() + "(演出时间):\n" + strTime + "\n");
        }
    }
}
```

6. 实验指导

树集中不允许出现大小相等的两个结点。因此采用树集排列节目单可以避免将两个节目安排在同一时间。

7. 实验后的练习

在 ShowFrame 中增加一个按钮 saveButton，并将 saveButton 添加到窗体中。单击 saveButton 可以将 showArea 中的内容保存到名为 program. txt 的文件中。

8. 填写实验报告

实验编号：1303　　学生姓名：　　　　　实验时间：　　　　　教师签字：

实验效果评价	A	B	C	D	E
模板完成情况					
实验后练习效果评价	A	B	C	D	E
练习完成情况					
总评					

实 验 答 案

实验 1

无代码答案。

实验 2

无代码答案。

实验 3

无代码答案。

第14章 | JDBC 数据库操作

实验 1 　抽 取 样 本

1. 相关知识点

JDBC 操作不同的数据库仅仅是连接方式上的差异而已,使用 JDBC 的应用程序一旦和数据库建立连接,就可以使用 JDBC 提供的 API 操作数据库。操作 Access 数据库需要 Access 数据库连接器,例如 Access_JDBC30.jar。

1) 加载 Access 数据库连接器

```
Class.forName("com.hxtt.sql.access.AccessDriver");
```

2) 和名字是 Book.accdb 的数据库建立连接

```
con = DriverManager.getConnection("jdbc:Access://Book.accdb","","");
```

3) 得到 Statement 语句对象

```
Statement sql = con.createStatement();
```

4) 发送 SQL 语句,必要时返回 ResultSet 对象(结果集)

```
ResultSet rs = sql.executeQuery(SQL 中的查询语句);
sql.execute(SQL 中的更新、插入和删除语句);
```

2. 实验目的

本实验的目的是让学生掌握操作数据库的基本步骤。

3. 实验要求

使用 Access 数据库管理系统,例如 Microsoft Access,建立一个名为 Book.accdb 的数据库。在数据库中建立 bookList 表,该表的字段为:

```
ISBN(varchar) name(varchar) price(float) chubanDate(date)
```

其中,ISBN 要设置为主键(PRIMARY KEY)。

编写程序,在 bookList 表中随机查询 10 条记录,并计算出这 10 条记录 price 字段值的平均值,即计算平均价格。

4. 运行结果示例

程序运行结果如图 14.1 所示。

```
C:\0>java -ep Access_JDBC30.jar; ComputerAverPrice
表共有15条记录,随机抽取10条记录:
平均价格:58.288006
```

图 14.1　随机查询记录

5．程序模板

请按模板要求，将【代码】替换为 Java 程序代码。

```
//GetRandomNumber.java
import java.util.Vector;
import java.util.Random;
public class GetRandomNumber {
    public static int [] getRandomNumber(int max,int amount){
        Vector < Integer > vector = new Vector < Integer >();
        for(int i = 1; i < = max; i++){
            vector.add(i);
        }
        int result[] = new int[amount];
        while(amount > 0){
            int index = new Random().nextInt(vector.size());
            int m = vector.elementAt(index);
            vector.removeElementAt(index);
            result[amount - 1] = m;
            amount -- ;
        }
        return result;
    }
}
```

```
//ComputerAverPrice.java
import java.sql. * ;
public class ComputerAverPrice {
    public static void main(String args[]) {
        Connection con = null;
        Statement sql;
        ResultSet rs;
        try{
            【代码 1】        //加载 Access 数据库连接器
        }
        catch(Exception e){ }
        try{
            con = DriverManager.getConnection("jdbc:Access://Book.accdb","","");
        }
        catch(SQLException e){
            System.out.println(e);
        }
        try{
            sql = con.createStatement(ResultSet.TYPE_SCROLL_SENSITIVE,
                                ResultSet.CONCUR_READ_ONLY);
            rs = 【代码 2】 //sql 调用.executeQuery 方法查询 bookList 表中的全部记录
            rs.last();
            int max = rs.getRow();
            System.out.println("表共有" + max + "条记录,随机抽取 10 条记录:");
            int [] a = GetRandomNumber.getRandomNumber(max,10);
            float sum = 0;
            for(int i:a){
```

```
【代码 3】   //将 rs 的游标移到第 i 行
            float price = rs.getFloat(3);
            sum = sum + price;
        }
        con.close();
        System.out.println("平均价格:" + sum/a.length);
    }
    catch(SQLException e) { }
  }
}
```

6. 实验指导

使用-cp 参数加载 Access_JDBC30.jar 文件中的连接器的类 AccessDriver,要特别注意在 jar 文件和主类名之间用分号分隔,而且分号和主类名之间必须留有至少一个空格:

```
java - cp Access_JDBC30.jar; ComputerAverPrice
```

院校的实验环境大部分都是 Microsoft 的操作系统,在安装 Office 办公系统软件的同时就安装好了 Microsoft Access 数据库管理系统,例如 Microsoft Access 2010。

为了能进行随机查询,Statement 必须返回一个可滚动的结果集。absolute(int row)方法可以将结果集中的游标移到参数 row 指定的行。java.util 包中的 Vector 类负责创建一个向量对象,例如"Vector < Integer > a = new Vector < Integer >();",向量创建后,向量 a 可以使用 add(Integer n)把 Integer 对象 n 添加到向量的末尾,向量的大小会自动增加。向量 a 可以使用 elementAt(int index)获取指定索引处的向量的元素(索引初始位置是 0)。

7. 实验后的练习

参照本实验编写一个数据库查询的程序,可以在若干学生中随机抽取 20 名学生,并计算这 20 名学生的平均成绩。

8. 填写实验报告

实验编号:1401   学生姓名: 实验时间: 教师签字:

实验效果评价	A	B	C	D	E
模板完成情况					
实验后练习效果评价	A	B	C	D	E
练习完成情况					
总评					

实验 2 用 户 转 账

1. 相关知识点

事务由一组 SQL 语句组成。所谓事务处理,是指应用程序保证事务中的 SQL 语句要么全部执行,要么一个都不执行。

处理事务的步骤如下:

(1) 关闭自动提交模式,即关闭 SQL 语句的即刻生效性。Connection 对象 con 使用

setAutoCommit 关闭自动提交模式："con. setAutoCommit(false);"。

（2）执行事务中的 SQL 语句，然后执行 Connection 对象 con 调用 commit（）方法恢复 SQL 语句的有效性："con. commit();"。

（3）撤销事务所做的操作，即处理事务失败。如果事务中的 SQL 语句未能全部成功，需在该步骤撤销 SQL 语句对数据库的操作，即 con 对象调用 rollback（）方法："con. rollback()"。

2. 实验目的

本实验的目的是让学生掌握事务处理的基本步骤。

3. 实验要求

使用某种数据库管理系统，例如 Microsoft Access 或 MySQL 数据库，建立一个名为 bank 的数据库。在 bank 数据库中创建 card1 表和 card2 表，card1 表和 card2 表的字段如下（二者相同）：

number(文本) name(文本) amount(数字,双精度)

其中，number 字段为主键。

程序进行两个操作，一是将 card1 表中某记录的 amount 字段的值减去 100，二是将 card2 表中某记录的 amount 字段的值增加 100。必须保证这两个操作要么都成功，要么都失败。

4. 运行结果示例

程序运行结果如图 14.2 所示。

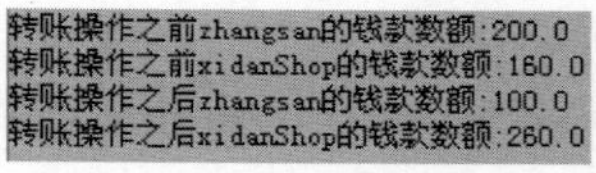

5. 程序模板

请按模板要求，将【代码】替换为 Java 程序代码。

转账操作之前zhangsan的钱款数额:200.0
转账操作之前xidanShop的钱款数额:160.0
转账操作之后zhangsan的钱款数额:100.0
转账操作之后xidanShop的钱款数额:260.0

图 14.2　转账操作

```java
//TurnMoney. java
import java.sql. * ;
public class TurnMoney {
    public static void main(String args[]){
        Connection con = null;
        Statement sql;
        ResultSet rs;
        try {【代码 1】           //加载数据库连接器
        }
        catch(ClassNotFoundException e){
            System. out. println("" + e);
        }
        try{ double n = 100;
            con = 【代码 2】     //连接数据库
            【代码 3】            //关闭自动提交模式
            sql = con. createStatement();
            rs = sql. executeQuery("SELECT * FROM card1 WHERE number = 'zhangsan'");
            rs. next();
            double amountOne = rs. getDouble("amount");
            System. out. println("转账操作之前 zhangsan 的钱款数额:" + amountOne);
            rs = sql. executeQuery("SELECT * FROM card2 WHERE number = 'xidanShop'");
            rs. next();
            double amountTwo = rs. getDouble("amount");
```

```
        System.out.println("转账操作之前 xidanShop 的钱款数额:" + amountTwo);
        amountOne = amountOne - n;
        amountTwo = amountTwo + n;
        sql.executeUpdate("UPDATE card1 SET amount = " + amountOne + " WHERE number =
'zhangsan'");
        sql.executeUpdate("UPDATE card2 SET amount = " + amountTwo + " WHERE number =
'xidanShop'");
        con.commit(); //开始事务处理,如果发生异常直接执行 catch 块
        【代码 4】            //恢复自动提交模式
        rs = sql.executeQuery("SELECT * FROM card1 WHERE number = 'zhangsan'");
        rs.next();
        amountOne = rs.getDouble("amount");
        System.out.println("转账操作之后 zhangsan 的钱款数额:" + amountOne);
        rs = sql.executeQuery("SELECT * FROM card2 WHERE number = 'xidanShop'");
        rs.next();
        amountTwo = rs.getDouble("amount");
        System.out.println("转账操作之后 xidanShop 的钱款数额:" + amountTwo);
        con.close();
    }
    catch(SQLException e){
        try{【代码 5】       //撤销事务所做的操作
        }
        catch(SQLException exp){}
        System.out.println(e.toString());
    }
  }
}
```

6. 实验指导

"con.commit();"语句进行事务处理的过程中,如果发现无法保证事务中的所有 SQL 语句要么都成功,要么都不成功,就抛出异常。

7. 实验后的练习

参照本实验编写其他事务处理。

8. 填写实验报告

实验编号:1402   学生姓名: 实验时间: 教师签字:

实验效果评价	A	B	C	D	E
模板完成情况					
实验后练习效果评价	A	B	C	D	E
练习完成情况					
总评					

实 验 答 案

实验 1

【代码 1】   Class.forName("com.hxtt.sql.access.AccessDriver");

第 14 章

JDBC 数据库操作

【代码 2】　sql. executeQuery("SELECT ＊ FROM bookList");

【代码 3】　rs. absolute(i);

实验 2

【代码 1】　如果是 Access 数据库,答案是:

Class. forName("com. hxtt. sql. access. AccessDriver");

如果是 MySQL 数据库 8.0 之后版本,答案是:

Class. forName("com. mysql. cj. jdbc. Driver");

【代码 2】　如果是 Access 数据库,答案是:

DriverManager. getConnection("jdbc:Access://bank. accdb","","");

如果是 MySQL 数据库 8.0 之后版本,答案是:

DriverManager. getConnection(uri);

其中,uri 事先定义为:

String uri ＝ "jdbc:mysql://127.0.0.1:3306/bank? user＝

root＆password＝＆useSSL＝false"＋"＆serverTimezone＝GMT";

【代码 3】　con. setAutoCommit(false);

【代码 4】　con. setAutoCommit(true);

【代码 5】　con. rollback();

第 15 章　多　线　程

实验 1　汉字输入练习

1. 相关知识点

在 Java 语言中,用 Thread 类或子类创建线程对象。用 Thread 的子类创建线程,要求编写 Thread 类的子类时,需要重写父类的 run()方法,其目的是规定线程的具体操作,否则线程就什么也不做,因为父类的 run()方法中没有任何操作语句。线程创建后仅占用了内存资源,在 JVM 管理的线程中还没有这个线程,该线程必须调用 start()方法(从父类继承的方法)通知 JVM,这样 JVM 就会知道该线程在排队等候 CPU 资源。

2. 实验目的

掌握使用 Thread 的子类创建线程。

3. 实验要求

编写一个 Java 应用程序,在主线程中创建两个线程,第一个线程负责给出某个汉字,第二个线程负责让用户在命令行输入第一个线程给出的汉字。

4. 运行结果示例

程序运行结果如图 15.1 所示。

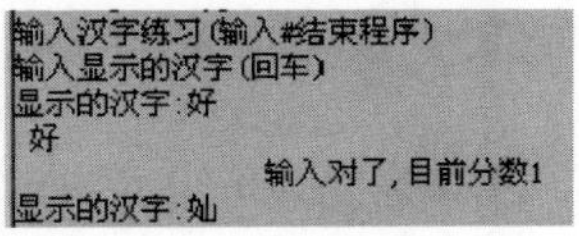

5. 程序模板

按模板要求,将【代码】部分替换为 Java 程序代码。

图 15.1　汉字输入练习

```
//TypeChinese. java
public class TypeChinese {
  public static void main(String args[]) {
      System. out. println("输入汉字练习(输入#结束程序)");
      System. out. printf("输入显示的汉字(回车)\n");
      Chinese hanzi;
      hanzi = new Chinese();
      GiveChineseThread giveHanzi;
      InputChineseThread typeHanzi;
      【代码 1】                //创建线程 giveHanzi
      giveHanzi. setChinese(hanzi);
      giveHanzi. setSleepLength(6000);
      【代码 2】                //创建线程 typeHanzi
      typeHanzi. setChinese(hanzi);
      giveHanzi. start();
      try{
         Thread. sleep(200);
```

```
        }
        catch(Exception exp){}
        typeHanzi.start();
    }
}


//Chinese.java
public class Chinese {
    char c = '\0';
    public void setChinese(char c) {
        this.c = c;
    }
    public char getChinese() {
        return c;
    }
}


//GiveChineseThread.java
public class GiveChineseThread extends Thread {
    Chinese hanzi;
    char startChar = (char)22909,endChar = (char)(startChar + 100);
    int sleepLength = 5000;
    public void setChinese(Chinese hanzi) {
        this.hanzi = hanzi;
    }
    public void setSleepLength(int n){
        sleepLength = n;
    }
    public void run() {
        char c = startChar;
        while(true) {
            hanzi.setChinese(c);
            System.out.printf("显示的汉字:% c\n ",hanzi.getChinese());
            try{ 【代码 3】      //调用 sleep()方法使线程中断 sleepLength 毫秒
            }
            catch(InterruptedException e){}
            c = (char)(c + 1);
            if(c > endChar)
                c = startChar;
        }
    }
}


//InuptChineseThread.java
import java.util.Scanner;
public class InputChineseThread extends Thread {
    Scanner reader;
    Chinese hanzi;
    int score = 0;
    InputChineseThread() {
        reader = new Scanner(System.in);
```

```
        }
        public void setChinese(Chinese hanzi) {
            this.hanzi = hanzi;
        }
        public void run() {
            while(true) {
                String str = reader.nextLine();
                char c = str.charAt(0);
                if(c == hanzi.getChinese()) {
                    score++;
                    System.out.printf("\t\t 输入对了,目前分数 %d\n",score);
                }
                else {
                    System.out.printf("\t\t 输入错了,目前分数 %d\n",score);
                }
                if(c == '#')
                    System.exit(0);
            }
        }
    }
```

6. 实验指导

使用 Thread 类的子类创建线程一定要重写父类的 run()方法,否则线程什么也不做。线程的 run()方法开始执行后,不要让线程再调用 start()方法。

7. 实验后的练习

参照本实验,编写从键盘练习输入日文片假名的应用程序。

8. 填写实验报告

实验编号:1501　　学生姓名:　　　　实验时间:　　　　教师签字:

实验效果评价	A	B	C	D	E
模板完成情况					
实验后练习效果评价	A	B	C	D	E
练习完成情况					
总评					

实验 2　双线程猜数字

1. 相关知识点

使用 Thread 创建线程对象时,通常使用的构造方法是:

```
Thread(Runnable target);
```

该构造方法中的参数是一个 Runnable 类型的接口,因此,在创建线程对象时必须向构造方法的参数传递一个实现 Runnable 接口类的实例,该实例对象称作所创建线程的目标对象。当线程调用 start()方法后,一旦轮到它来享用 CPU 资源,目标对象就会自动调用接口中的 run()方法(接口回调),这一过程是自动实现的,用户程序只需要让线程调用 start()方法即可。线程绑定于 Runnable 接口，也就是说，当线程被调度并转入运行状态时，所执行的就是 run()方法中所规定的操作。

　　线程同步是指几个线程都需要调用同一个同步方法（用 synchronized 修饰的方法）。一个线程在使用同步方法时，可能根据问题的需要，必须使用 wait()方法暂时让出 CPU 的使用权，以便其他线程使用这个同步方法。其他线程在使用这个同步方法时如果不需要等待，那么它用完这个同步方法的同时，应当执行 notifyAll()方法通知所有的由于使用这个同步方法而处于等待的线程结束等待。中断的线程就会从刚才的中断处继续执行这个同步方法，并遵循"先中断后继续"的原则。如果使用 notify()方法，那么只通知处于等待中的线程的某一个结束等待。wait()、notify()和 notifyAll()都是 Object 类中的 final 方法，被所有的类继承，且不允许重写。

2. 实验目的

学习使用 Thread 类创建线程，以及处理线程同步问题。

3. 实验要求

用两个线程玩猜数字游戏，第一个线程负责随机给出 1～100 的一个整数，第二个线程负责猜出这个数。要求每当第二个线程给出自己的猜测后，第一个线程都会提示"猜小了""猜大了"或"猜对了"。猜数之前，要求第二个线程要等待第一个线程设置好要猜测的数。第一个线程设置好猜测数之后，两个线程还要互相等待，其原则是：第二个线程给出自己的猜测后，等待第一个线程给出提示；第一个线程给出提示后，等待第二个线程给出猜测，如此进行，直到第二个线程给出正确的猜测后，两个线程进入死亡状态。

4. 运行结果示例

程序运行结果如图 15.2 所示。

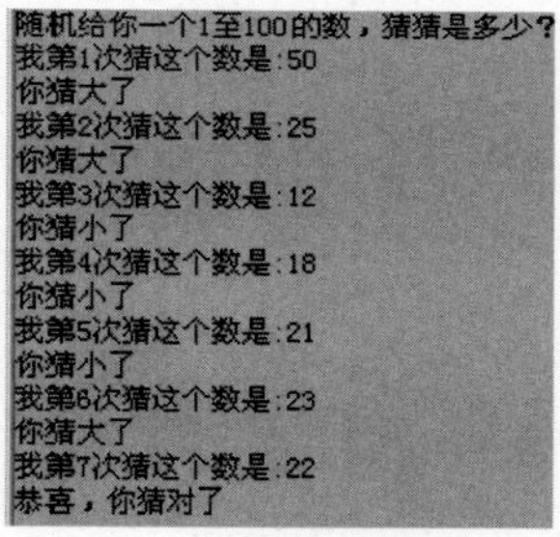

5. 程序模板

按模板要求，将【代码】部分替换为 Java 程序代码。

```
//TwoThreadGuessNumber.java
public class TwoThreadGuessNumber {
    public static void main(String args[]) {
        Number number = new Number();
        number.giveNumberThread.start();
        number.guessNumberThread.start();
    }
}
```

图 15.2　双线程猜数字

```
//Number.java
public class Number implements Runnable {
    final int SMALLER = -1, LARGER = 1, SUCCESS = 8;
    int realNumber, guessNumber, min = 0, max = 100, message = SMALLER;
    boolean pleaseGuess = false, isGiveNumber = false;
    Thread giveNumberThread, guessNumberThread;
    Number() {
    【代码 1】        //创建 giveNumberThread，当前 Number 类的实例是 giveNumberThread 的目标对象
    【代码 2】        //创建 guessNumberThread，当前 Number 类的实例是 guessNumberThread 的目标对象
    }
    public void run() {
```

```
        for( int count = 1;true;count++) {
            setMessage(count);
            if( message == SUCCESS)
                return;
        }
    }
    public synchronized void setMessage( int count) {
        if(Thread. currentThread( ) == giveNumberThread&&isGiveNumber == false) {
            realNumber = ( int)(Math. random( ) ∗ 100) + 1;
            System. out. println("随机给你一个 1 至 100 的数,猜猜是多少?");
            isGiveNumber = true;
            pleaseGuess = true;
        }
        if(Thread. currentThread( ) == giveNumberThread) {
            while(pleaseGuess == true)
                try  { wait();   //让出 CPU 使用权,让另一个线程开始猜数
                }
                catch(InterruptedException e){}
                if(realNumber > guessNumber)   { //结束等待后,根据另一个线程的猜测给出提示
                    message = SMALLER;
                    System. out. println("你猜小了");
                }
                else if(realNumber < guessNumber) {
                    message = LARGER;
                    System. out. println("你猜大了");
                }
                else {
                    message = SUCCESS;
                    System. out. println("恭喜,你猜对了");
                }
                pleaseGuess = true;
        }
        if(Thread. currentThread( ) == guessNumberThread&&isGiveNumber == true) {
                while(pleaseGuess == false)
                    try { wait();   //让出 CPU 使用权,让另一个线程给出提示
                    }
                    catch(InterruptedException e){}
                    if(message == SMALLER) {
                        min = guessNumber;
                        guessNumber = (min + max)/2;
                        System. out. println("我第" + count + "次猜这个数是:" + guessNumber);
                    }
                    else if(message == LARGER) {
                        max = guessNumber;
                        guessNumber = (min + max)/2;
                        System. out. println("我第" + count + "次猜这个数是:" + guessNumber);
                    }
                    pleaseGuess = false;
        }
        notifyAll();
    }
}
```

6. 实验指导

对于 Thread(runnable target)构造方法创建的线程,轮到它来享用 CPU 资源时,目标对象就会自动调用接口中的 run()方法,因此,对于使用同一目标对象的线程,目标对象的成员变量自然就是这些线程共享的数据单元。对于具有相同目标对象的线程,当其中一个线程享用 CPU 资源时,目标对象自动调用接口中的 run()方法,这时,run()方法中的局部变量被分配内存空间,当轮到另一个线程享用 CPU 资源时,目标对象会再次调用接口中的 run()方法,那么,run()方法中的局部变量会再次被分配内存空间。不同线程的 run()方法中的局部变量互不干扰,一个线程改变了自己的 run()方法中局部变量的值不会影响其他线程的 run()方法中的局部变量。

7. 实验后的练习

参考本实验,模拟 3 个线程猜数字,一个线程负责给出要猜测的数字,另外两个线程负责猜测。

8. 填写实验报告

实验编号:1502   学生姓名: 实验时间: 教师签字:

实验效果评价	A	B	C	D	E
模板完成情况					
实验后练习效果评价	A	B	C	D	E
练习完成情况					
总评					

实验 3　月亮围绕地球

1. 相关知识点

当 Java 程序包含图形用户界面(GUI)时,Java 虚拟机在运行应用程序时会自动启动更多的线程,其中有两个重要的线程:AWT-EventQueue 和 AWT-Windows。AWT-EventQueue 线程负责处理 GUI 事件。

当某些操作需要周期性地执行,就可以使用计时器。可以使用 Timer 类的构造方法 Timer(int a,Object b)创建一个计时器,其中的参数 a 的单位是毫秒,确定计时器每隔 a 毫秒"振铃"一次,参数 b 是计时器的监视器。计时器发生的振铃事件是 ActionEvent 类型事件。当振铃事件发生时,监视器就会监视到这个事件,监视器就回调 ActionListener 接口中的 actionPerformed(ActionEvent e)方法。

2. 实验目的

理解 AWT-EventQueue 和 AWT-Windows 线程的作用,并掌握使用 Timer 线程的方法。

3. 实验要求

编写一个 GUI 应用程序,模拟月亮围绕地球旋转。

4. 运行结果示例

程序运行结果如图 15.3 所示。

图 15.3　月亮围绕地球旋转

5. 程序模板

按模板要求,将【代码】部分替换为 Java 程序代码。

```java
//MainClass.java
import javax.swing.*;
public class MainClass {
        public static void main(String args[]) {
        Sky sky = new Sky();
        JFrame frame = new JFrame();
        frame.add(sky);
        frame.setSize(500,500);
        frame.setVisible(true);
        frame.setDefaultCloseOperation(JFrame.EXIT_ON_CLOSE);
        frame.getContentPane().setBackground(java.awt.Color.white);
        }
    }
```

```java
//Earth.java
import java.awt.*;
import javax.swing.*;
import java.awt.event.*;
public class Earth extends JLabel implements ActionListener {
    JLabel moon;                    //显示月亮之外观
    Timer timer;
    double pointX[] = new double[360],
           pointY[] = new double[360];
    int w = 200, h = 200, i = 0;
    Earth() {
      setLayout(new FlowLayout());
      setPreferredSize(new Dimension(w,h));
      【代码 1】//创建 timer,振铃间隔是 20ms,当前 Earth 对象为其监视器
      setIcon(new ImageIcon("earth.jpg"));
      setHorizontalAlignment(SwingConstants.CENTER);
      moon = new JLabel(new ImageIcon("moon.jpg"),SwingConstants.CENTER);
      add(moon);
      moon.setPreferredSize(new Dimension(60,60));
      pointX[0] = 0;
      pointY[0] = h/2;
      double angle = 1 * Math.PI/180;           //刻度为 1 度
      for(int i = 0; i < 359; i++) {            //计算出数组中各个元素的值
          pointX[i + 1] = pointX[i] * Math.cos(angle) - Math.sin(angle) * pointY[i];
          pointY[i + 1] = pointY[i] * Math.cos(angle) + pointX[i] * Math.sin(angle);
      }
      for(int i = 0; i < 360; i++) {
          pointX[i] = 0.8 * pointX[i] + w/2;      //坐标缩放、平移
          pointY[i] = 0.8 * pointY[i] + h/2;
      }
      timer.start();
    }
    public void actionPerformed(ActionEvent e) {
        i = (i + 1) % 360;
```

```
            moon. setLocation((int)pointX[i] - 30,(int)pointY[i] - 30);
        }
    }
```

```
//Sky. java
import java.awt. * ;
import javax.swing. * ;
import java.awt.event. * ;
public class Sky extends JLabel implements ActionListener {
    Earth earth;
    Timer timer;
    double pointX[ ] = new double[360],
            pointY[ ] = new double[360];
    int w = 400, h = 400, i = 0;
    Sky() {
        setLayout(new FlowLayout());
        【代码 2】//创建 timer, 振铃间隔是 100ms, 当前 Sky 对象为其监视器
        setPreferredSize(new Dimension(w, h));
        earth = new Earth();
        add(earth);
        earth. setPreferredSize(new Dimension(200,200));
        pointX[0] = 0;
        pointY[0] = h/2;
        double angle = 1 * Math. PI/180;              //刻度为 1 度
        for(int i = 0; i < 359; i++) {                 //计算出数组中各个元素的值
            pointX[i + 1] = pointX[i] * Math. cos(angle) - Math. sin(angle) * pointY[i];
            pointY[i + 1] = pointY[i] * Math. cos(angle) + pointX[i] * Math. sin(angle);
        }
        for(int i = 0; i < 360; i++) {
            pointX[i] = 0.5 * pointX[i] + w/2;         //坐标缩放、平移
            pointY[i] = 0.5 * pointY[i] + h/2;
        }
        timer. start();
    }
    public void actionPerformed(ActionEvent e) {
        i = (i + 1) % 360;
        earth. setLocation((int)pointX[i] - 100,(int)pointY[i] - 100);
    }
}
```

6. 实验指导

AWT-Windows 线程负责将窗体或组件绘制到桌面。发生 GUI 界面事件时, JVM 就会将 CPU 资源切换给 AWT-EventQueue 线程。如果一个圆的圆心是(0,0), 那么对于给定圆上的一点(x,y), 该点按顺时针旋转 α 弧度后的坐标(m,n)由下列公式计算:

$$m = x \times \cos(\alpha) - y \times \sin(\alpha)$$
$$n = y \times \cos(\alpha) + x \times \sin(\alpha)$$

7. 实验后的练习

模拟有两个卫星的行星。

8. 填写实验报告

实验编号：1503　　　学生姓名：　　　　　实验时间：　　　　　教师签字：

实验效果评价	A	B	C	D	E
模板完成情况					
实验后练习效果评价	A	B	C	D	E
练习完成情况					
总评					

实 验 答 案

实验 1

【代码 1】　giveHanzi ＝ new GiveChineseThread();

【代码 2】　typeHanzi ＝ new InputChineseThread();

【代码 3】　Thread.sleep(sleepLength)；或 sleep(sleepLength)；

实验 2

【代码 1】　giveNumberThread＝new Thread(this)；

【代码 2】　guessNumberThread＝new Thread(this)；

实验 3

【代码 1】　timer ＝ new Timer(20,this)；

【代码 2】　timer ＝ new Timer(100,this)；

第15章

多线程

第16章 Java 中的网络编程

实验 1 读取服务器端文件

1. 相关知识点

java. net 包中的 URL(Uniform Resource Locator)类是对统一资源定位符的抽象定义,使用 URL 创建对象的应用程序称作客户端程序,一个 URL 对象存放着一个具体的资源的引用,表明客户要访问这个 URL 中的资源,利用 URL 对象可以获取 URL 中的资源。URL 对象调用 InputStream openStream()方法可以返回一个输入流,该输入流指向 URL 对象所包含的资源。通过该输入流可以将服务器上的资源信息读入客户端。

2. 实验目的
学会使用 URL 对象。

3. 实验要求

创建一个 URL 对象,然后让 URL 对象返回输入流,通过该输入流读取 URL 所包含的资源文件。

4. 运行结果示例
程序运行结果如图 16.1 所示。

图 16.1 读取文件

5. 程序模板
按模板要求,将【代码】部分替换为 Java 程序代码。

```
//ReadURLSource. java
import java. awt. * ;
import java. awt. event. * ;
import java. net. * ;
import java. io. * ;
import javax. swing. * ;
public class ReadURLSource {
    public static void main(String args[]) {
```

```
            new NetWin();
    }
}
class NetWin extends JFrame implements ActionListener, Runnable {
    JButton button;
    URL url;
    JTextField inputURLText;                         //输入 url
    JTextArea area;
    byte b[] = new byte[118];
    Thread thread;
    NetWin() {
        inputURLText = new JTextField(20);
        area = new JTextArea(12, 12);
        button = new JButton("确定");
        button.addActionListener(this);
        thread = new Thread(this);
        JPanel p = new JPanel();
        p.add(new JLabel("输入网址:"));
        p.add(inputURLText);
        p.add(button);
        add(area, BorderLayout.CENTER);
        add(p, BorderLayout.NORTH);
        setBounds(60, 60, 560, 300);
        setVisible(true);
        validate();
        setDefaultCloseOperation(JFrame.EXIT_ON_CLOSE);
    }
    public void actionPerformed(ActionEvent e) {
        if(!(thread.isAlive()))
           thread = new Thread(this);
        try{   thread.start();
        }
        catch(Exception ee) {
            inputURLText.setText("我正在读取" + url);
        }
    }
    public void run() {
        try { int n = -1;
                area.setText(null);
                String name = inputURLText.getText().trim();
                【代码1】//使用字符串 name 创建 url 对象
                String hostName =【代码2】//url 调用 getHost()方法
                int urlPortNumber = url.getPort();
                String fileName = url.getFile();
                InputStream in =【代码3】//url 调用 InputStream()方法返回一个输入流
                area.append("\n 主机:" + hostName + "端口:" + urlPortNumber +
                        "包含的文件名称:" + fileName);
                area.append("\n 文件的内容如下:");
                while((n = in.read(b))! = -1) {
                    String s = new String(b, 0, n);
                        area.append(s);
```

Java 中的网络编程

```
                    }
                }
                catch(MalformedURLException e1) {
                    inputURLText.setText("" + e1);
                    return;
                }
                catch(IOException e1) {
                    inputURLText.setText("" + e1);
                    return;
                }
            }
        }
```

6. 实验指导

URL 资源的读取可能会引起堵塞，因此，程序需在一个线程中读取 URL 资源，以免堵塞主线程。

7. 实验后的练习

public int getDefaultPort()、public String getRef()、public String getProtocol()等方法都是 URL 对象常用的方法，在模板中让 url 调用这些方法，并输出这些方法返回的值。

8. 填写实验报告

实验编号：1601　　　学生姓名：　　　　　　实验时间：　　　　　　　教师签字：

实验效果评价	A	B	C	D	E
模板完成情况					
实验后练习效果评价	A	B	C	D	E
练习完成情况					
总评					

实验 2　会结账的服务器

1. 相关知识点

网络套接字是基于 TCP 的有连接通信，套接字连接就是客户端的套接字对象和服务器端的套接字对象通过输入、输出流连接在一起。服务器建立 ServerSocket 对象，ServerSocket 对象负责等待客户端请求建立套接字连接，而客户端建立 Socket 对象向服务器发出套接字连接请求。

可以使用 Socket 类不带参数的构造方法 public Socket()创建一个套接字对象，该对象不请求任何连接。该对象调用

public void connect(SocketAddress endpoint) throws IOException

请求和参数 SocketAddress 指定地址的套接字建立连接。为了使用 connect()方法，可以使用 SocketAddress 的子类 InetSocketAddress 创建一个对象。InetSocketAddress()的构造方法是：

public InetSocketAddress(InetAddress addr, int port)

2．实验目的

学会使用套接字读取服务器端的对象。

3．实验要求

客户端和服务器建立套接字连接后，客户将如下格式的账单发送给服务器：

房租:2189 元 水费:112.9 元 电费:569 元 物业费:832 元

服务器返回给客户的信息是：

您的账单：
房租:2189 元 水费:112.9 元 电费:569 元 物业费:832 元
总计：3702.9 元

4．运行结果示例

程序运行结果如图 16.2 所示。

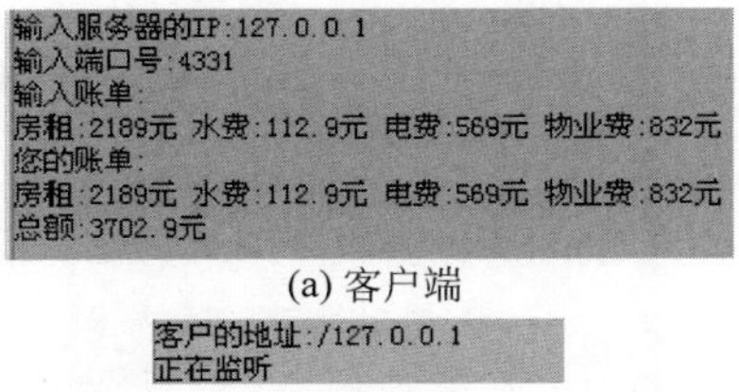

5．程序模板

按模板要求，将【代码】部分替换为 Java 程序代码。

```
输入服务器的IP:127.0.0.1
输入端口号:4331
输入账单:
房租:2189元 水费:112.9元 电费:569元 物业费:832元
您的账单:
房租:2189元 水费:112.9元 电费:569元 物业费:832元
总额:3702.9元
```
(a) 客户端

```
客户的地址:/127.0.0.1
正在监听
```
(b) 服务器端

图 16.2　实验 2 运行结果

```java
//客户端模板 ClientItem.java
import java.io. * ;
import java.net. * ;
import java.util. * ;
public class ClientItem   {
    public static void main(String args[]) {
        Scanner scanner = new Scanner(System.in);
        Socket clientSocket = null;
        DataInputStream inData = null;
        DataOutputStream outData = null;
        Thread thread ;
        Read read = null;
        try{   clientSocket = new Socket();
               read = new Read();
               thread = new Thread(read);              //负责读取信息的线程
               System.out.print("输入服务器的 IP:");
               String IP = scanner.nextLine();
               System.out.print("输入端口号:");
               int port = scanner.nextInt();
               String enter = scanner.nextLine();        //消耗回车
               if(clientSocket.isConnected()){}
               else{
                  InetAddress address = InetAddress.getByName(IP);
                  InetSocketAddress socketAddress = new InetSocketAddress(address,port);
                  clientSocket.connect(socketAddress);
                  InputStream in = 【代码 1】//clientSocket 调用 getInputStream()方法返回输入流
                  OutputStream out = 【代码 2】//clientSocket 调用 getOutputStream()方法返回输出流
                  inData = new DataInputStream(in);
                  outData = new DataOutputStream(out);
                  read.setDataInputStream(inData);
                  read.setDataOutputStream(outData);
                  thread.start();                        //启动负责读信息的线程
```

125

第 16 章

Java 中的网络编程

```
                }
            }
            catch(Exception e) {
                System.out.println("服务器已断开" + e);
            }
        }
    }
}
class Read implements Runnable {
    Scanner scanner = new Scanner(System.in);
    DataInputStream in;
    DataOutputStream out;
    public void setDataInputStream(DataInputStream in) {
        this.in = in;
    }
    public void setDataOutputStream(DataOutputStream out) {
        this.out = out;
    }
    public void run() {
        System.out.println("输入账单:");
        String content = scanner.nextLine();
        try{   out.writeUTF("账单" + content);
                String str = in.readUTF();
                System.out.println(str);
                str = in.readUTF();
                System.out.println(str);
                str = in.readUTF();
                System.out.println(str);
        }
        catch(Exception e) {}
    }
}
```

//服务器端模板 ServerItem.java

```
import java.io. * ;
import java.net. * ;
import java.util. * ;
public class ServerItem {
    public static void main(String args[]) {
        ServerSocket server = null;
        ServerThread thread;
        Socket you = null;
        while(true) {
            try{   server = 【代码3】     //创建在端口 4331 上负责监听的 ServerSocket 对象
            }
            catch(IOException e1) {
                System.out.println("正在监听");
            }
            try{   System.out.println("正在等待客户");
                    you = 【代码4】      // server 调用 accept()方法返回和客户端相连接的 Socket 对象
                    System.out.println("客户的地址:" + you.getInetAddress());
            }
```

```
            catch (IOException e) {
                    System.out.println("" + e);
            }
            if(you! = null) {
                    new ServerThread(you).start();
            }
        }
    }
}
class ServerThread extends Thread {
    Socket socket;
    DataInputStream in = null;
    DataOutputStream out = null;
    ServerThread(Socket t) {
        socket = t;
        try  { out = new DataOutputStream(socket.getOutputStream());
                in = new DataInputStream(socket.getInputStream());
            }
        catch (IOException e) {}
    }
    public void run() {
        try{
            String item =  in.readUTF();
            Scanner scanner = new Scanner(item);
            scanner.useDelimiter("[^0123456789.]+");
            if(item.startsWith("账单")) {
              double sum = 0;
              while(scanner.hasNext()){
               try{   double price = scanner.nextDouble();
                       sum = sum + price;
                       System.out.println(price);
               }
               catch(InputMismatchException exp){
                       String t = scanner.next();
               }
              }
             out.writeUTF("您的账单:");
             out.writeUTF(item);
             out.writeUTF("总额:" + sum + "元");
           }
        }
        catch(Exception exp){}
    }
}
```

6. 实验指导

套接字连接中涉及输入流和输出流操作,客户或服务器读取数据可能会引起堵塞,应把读取数据放在一个单独的线程中去进行。另外,服务器端收到一个客户的套接字后,就应该启动一个专门为该客户服务的线程。Socket 对象调用 public void connect(SocketAddress endpoint) throws IOException 方法可以和参数 endpoint 指定的 SocketAddress 地址建立套接字连接。

7. 实验后的练习

改进服务器端程序,使得用户还可以发送如下格式的货品明细给服务器:

货品　宽 90cm 高 69cm 长 156cm

服务器返回给客户的信息是:

货品　宽 90cm 高 69cm 长 156cm
体积: 968760cm^3

8. 填写实验报告

实验编号:1602　　学生姓名:　　　　实验时间:　　　　教师签字:

实验效果评价	A	B	C	D	E
模板完成情况					
实验后练习效果评价	A	B	C	D	E
练习完成情况					
总评					

实验 3　读取服务器端的窗口

1. 相关知识点(与实验 2 相同)

网络套接字是基于 TCP 的有连接通信,套接字连接就是客户端的套接字对象和服务器端的套接字对象通过输入流、输出流连接在一起。服务器建立 ServerSocket 对象,ServerSocket 对象负责等待客户端请求建立套接字连接,而客户端建立 Socket 对象向服务器发出套接字连接请求。

可以使用 Socket 类不带参数的构造方法 public Socket()创建一个套接字对象,该对象不请求任何连接。该对象再调用

public void connect(SocketAddress endpoint) throws IOException

请求和参数 SocketAddress 指定地址的套接字建立连接。为了使用 connect()方法,可以使用 SocketAddress 的子类 InetSocketAddress 创建一个对象。InetSocketAddress()的构造方法是:

public InetSocketAddress(InetAddress addr, int port)

2. 实验目的

学会使用套接字读取服务器端的对象。

3. 实验要求

客户端利用套接字连接将服务器端的 JFrame 对象读取到客户端。将服务器端的程序编译通过,并运行起来,等待请求套接字连接。

4. 运行结果示例

程序运行结果如图 16.3 所示。

5. 程序模板

按模板要求，将【代码】部分替换为 Java 程序代码。

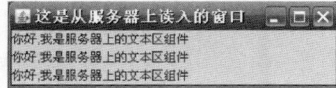
(a) 客户端

(b) 服务器端

图 16.3　实验 3 程序运行结果

```
//客户端模板 Client.java
import java.io. * ;
import java.net. * ;
import java.util. * ;
public class Client{
    public static void main(String args[]) {
        Scanner scanner = new Scanner(System.in);
        Socket mysocket = null;
        ObjectInputStream inObject = null;
        ObjectOutputStream outObject = null;
        Thread thread ;
        ReadWindow readWindow = null;
        try{   mysocket = new Socket();
               readWindow = new ReadWindow();
               thread = new Thread(readWindow); //负责读取信息的线程
               System.out.print("输入服务器的 IP:");
               String IP = scanner.nextLine();
               System.out.print("输入端口号:");
               int port = scanner.nextInt();
               if(mysocket.isConnected()){}
               else{
                 InetAddress address = InetAddress.getByName(IP);
                 InetSocketAddress socketAddress = new InetSocketAddress(address,port);
                 mysocket.connect(socketAddress);
                 InputStream in =【代码 1】        //mysocket 调用 getInputStream()方法返回输入流
                 OutputStream out =【代码 2】      //mysocket 调用 getOutputStream()方法返回输出流
                 inObject = new ObjectInputStream(in);
                 outObject = new ObjectOutputStream(out);
                 readWindow.setObjectInputStream(inObject);
                 thread.start();                  //启动负责读取窗口的线程
               }
        }
        catch(Exception e) {
               System.out.println("服务器已断开" + e);
        }
    }
}
class ReadWindow implements Runnable {
    ObjectInputStream   in;
    public void setObjectInputStream(ObjectInputStream   in) {
        this.in = in;
    }
    public void run() {
        double result = 0;
        while(true) {
          try{ javax.swing.JFrame window = (javax.swing.JFrame)in.readObject();
               window.setTitle("这是从服务器上读入的窗口");
```

129

第 16 章

Java 中的网络编程

```
                window.setVisible(true);
                window.requestFocusInWindow();//requestFocus();
                window.setSize(600,800);

            }
            catch(Exception e) {
                System.out.println("服务器已断开" + e);
                break;
            }
        }
    }
}
```

//服务器端模板 **Server.java**

```java
import java.io. * ;
import java.net. * ;
import java.util. * ;
import java.awt. * ;
import javax.swing. * ;
public class Server {
    public static void main(String args[ ]) {
        ServerSocket server = null;
        ServerThread thread;
        Socket you = null;
        while(true) {
            try{   server = 【代码 3】//创建在端口 4331 上负责监听的 ServerSocket 对象
            }
            catch(IOException e1) {
                System.out.println("正在监听");
            }
            try{   you =   【代码 4】// server 调用 accept()返回和客户端相连接的 Socket 对象
                System.out.println("客户的地址:" + you.getInetAddress());
            }
            catch (IOException e) {
                System.out.println("正在等待客户");
            }
            if(you! = null) {
                new ServerThread(you).start();
            }
        }
    }
}
class ServerThread extends Thread {
    Socket socket;
    ObjectInputStream in = null;
    ObjectOutputStream out = null;
    JFrame window;
    JTextArea text;
    ServerThread(Socket t) {
        socket = t;
        try  { out = new ObjectOutputStream(socket.getOutputStream());
```

```
        in = new ObjectInputStream(socket.getInputStream());
    }
    catch (IOException e) {}
    window = new JFrame();
    text = new JTextArea();
    for(int i = 1; i <= 20; i++) {
        text.append("你好,我是服务器上的文本区组件\n");
    }
    text.setBackground(Color.yellow);
    window.add(text);
    window.setDefaultCloseOperation(JFrame.EXIT_ON_CLOSE);
    }
    public void run() {
        try{   out.writeObject(window);
        }
        catch (IOException e) {
            System.out.println("客户离开");
        }
    }
}
```

6. 实验指导

使用套接字读取对象时,应将套接字的流和对象流连接在一起。

7. 实验后的练习

改进程序使得客户端能读入两个窗口。

8. 填写实验报告

实验编号:1603   学生姓名: 实验时间: 教师签字:

实验效果评价	A	B	C	D	E
模板完成情况					
实验后练习效果评价	A	B	C	D	E
练习完成情况					
总评					

实验 4   与服务器玩猜数游戏

1. 相关知识点(与实验 2 相同)

网络套接字是基于 TCP 的有连接通信,套接字连接就是客户端的套接字对象和服务器端的套接字对象通过输入流、输出流连接在一起。服务器建立 ServerSocket 对象,ServerSocket 对象负责等待客户端请求建立套接字连接,而客户端建立 Socket 对象向服务器发出套接字连接请求。

可以使用 Socket 类不带参数的构造方法 public Socket()创建一个套接字对象,该对象不请求任何连接。该对象再调用

public void connect(SocketAddress endpoint) throws IOException

Java 中的网络编程

请求和参数 SocketAddress 指定地址的套接字建立连接。为了使用 connect()方法，可以使用 SocketAddress 的子类 InetSocketAddress 创建一个对象。InetSocketAddress 的构造方法是：

```
public InetSocketAddress(InetAddress addr, int port)
```

2. 实验目的
学会使用套接字读取服务器端的对象。

3. 实验要求
客户端和服务器建立套接字连接后，服务器向客户发送一个 1～100 的随机数，用户将自己的猜测发送给服务器，服务器向用户发送有关信息："猜大了""猜小了"或"猜对了"。

4. 运行结果示例
程序运行结果如图 16.4 所示。

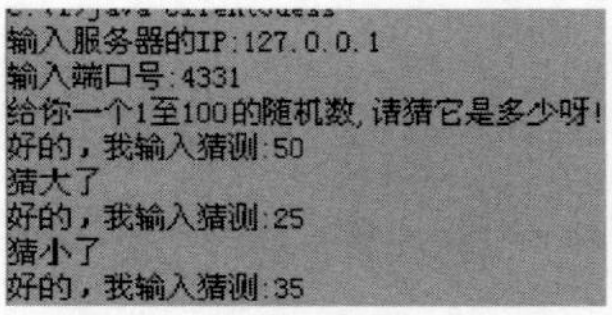

5. 程序模板
按模板要求，将【代码】部分替换为 Java 程序代码。

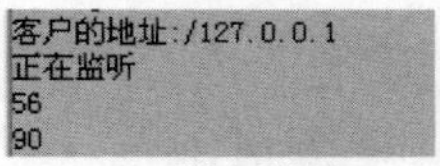

(a) 客户端

(b) 服务器端

图 16.4　实验 4 程序运行结果

```java
//客户端模板 ClientGuess.java
import java.io. * ;
import java.net. * ;
import java.util. * ;
public class ClientGuess   {
    public static void main(String args[]) {
        Scanner scanner = new Scanner(System.in);
        Socket mysocket = null;
        DataInputStream inData = null;
        DataOutputStream outData = null;
        Thread thread ;
        ReadNumber readNumber = null;
        try{   mysocket = new Socket();
            readNumber = new ReadNumber();
            thread = new Thread(readNumber); //负责读取信息的线程
            System.out.print("输入服务器的IP:");
            String IP = scanner.nextLine();
            System.out.print("输入端口号:");
            int port = scanner.nextInt();
            if(mysocket.isConnected()){}
            else{
              InetAddress   address = InetAddress.getByName(IP);
              InetSocketAddress socketAddress = new InetSocketAddress(address,port);
              mysocket.connect(socketAddress);
              InputStream in =【代码 1】  //mysocket 调用 getInputStream()返回输入流
              OutputStream out =【代码 2】//mysocket 调用 getOutputStream()返回输出流
              inData = new DataInputStream(in);
              outData = new DataOutputStream(out);
              readNumber.setDataInputStream(inData);
              readNumber.setDataOutputStream(outData);
              thread.start();                  //启动负责读取随机数的线程
            }
```

```
          }
          catch(Exception e) {
               System.out.println("服务器已断开" + e);
          }
     }
}
class ReadNumber implements Runnable {
     Scanner scanner = new Scanner(System.in);
     DataInputStream in;
     DataOutputStream out;
     public void setDataInputStream(DataInputStream in) {
          this.in = in;
     }
     public void setDataOutputStream(DataOutputStream out) {
          this.out = out;
     }
     public void run() {
          try {
               out.writeUTF("Y");
               while(true) {
                    String str = in.readUTF();
                    System.out.println(str);
                    if(!str.startsWith("询问")) {
                         if(str.startsWith("猜对了"))
                                continue;
                         System.out.print("好的,我输入猜测:");
                         int myGuess = scanner.nextInt();
                         String enter = scanner.nextLine();   //消耗多余的回车
                         out.writeInt(myGuess);
                    }
                    else {
                      System.out.print("好的,我输入 Y 或 N:");
                      String myAnswer = scanner.nextLine();
                      out.writeUTF(myAnswer);
                    }
               }
          }
          catch(Exception e) {
               System.out.println("服务器已断开" + e);
               return;
          }
     }
}
//服务器端模板 ServerNumber.java
import java.io.*;
import java.net.*;
import java.util.*;
public class ServerNumber {
     public static void main(String args[]) {
          ServerSocket server = null;
          ServerThread thread;
```

```
                Socket you = null;
                while(true) {
                    try{    server = 【代码 3】//创建在端口 4331 上负责监听的 ServerSocket 对象
                    }
                    catch(IOException e1) {
                        System.out.println("正在监听");
                    }
                    try{    you =   【代码 4】// server 调用 accept()返回和客户端相连接的 Socket 对象
                            System.out.println("客户的地址:" + you.getInetAddress());
                    }
                    catch (IOException e) {
                            System.out.println("正在等待客户");
                    }
                    if(you! = null) {
                            new ServerThread(you).start();
                    }
                }
            }
        }
    class ServerThread extends Thread {
        Socket socket;
        DataInputStream in = null;
        DataOutputStream out = null;
        ServerThread(Socket t) {
            socket = t;
            try   { out = new DataOutputStream(socket.getOutputStream());
                    in = new DataInputStream(socket.getInputStream());
            }
            catch (IOException e) {}
        }
        public void run() {
            try{
                    while(true) {
                        String str  =  in.readUTF();
                        boolean boo = str.startsWith("Y") ‖ str.startsWith("y");
                        if(boo) {
                            out.writeUTF("给你一个 1 至 100 的随机数,请猜它是多少呀!");
                            Random random = new Random();
                            int realNumber  =  random.nextInt(100) + 1;
                            handleClientGuess(realNumber);
                            out.writeUTF("询问:想继续玩则输入 Y,否则输入 N:");
                        }
                        else {
                            return;
                        }
                    }
            }
            catch(Exception exp){}
        }
        public void handleClientGuess(int realNumber){
            while(true) {
```

```
try{    int clientGuess = in.readInt();
        System.out.println(clientGuess);
        if(clientGuess > realNumber)
            out.writeUTF("猜大了");
        else if(clientGuess < realNumber)
            out.writeUTF("猜小了");
        else if(clientGuess == realNumber) {
            out.writeUTF("猜对了!");
            break;
        }
    }
    catch (IOException e) {
        System.out.println("客户离开");
        return;
    }
        }
    }
}
```

6. 实验指导

服务器经常需要根据用户提供的不同的信息做出不同的选择,为此,服务器经常需要使用判断语句分析所读入的信息。

7. 实验后的练习

改进服务器端程序,能向客户发送用户所猜测的次数。

8. 填写实验报告

实验编号:1604　　　学生姓名:　　　　　实验时间:　　　　　　　　教师签字:

实验效果评价	A	B	C	D	E
模板完成情况					
实验后练习效果评价	A	B	C	D	E
练习完成情况					
总评					

实验 5　传　输　图　像

1. 相关知识点

基于 UDP 的通信和基于 TCP 的通信不同,基于 UDP 的通信的信息传递更快,但不提供可靠性保证,也就是说,数据在传输时,用户无法知道数据能否正确到达目的地主机,也不能确定数据到达目的地的顺序是否和发送的顺序相同。可以把 UDP 通信比作邮递信件,不能确定所发的信件一定能够到达目的地,也不能确定到达的顺序和发出时的顺序一样,可能某种原因会导致后发出的先到达,另外,也不能确定对方收到信就一定会回信。既然 UDP 是一种不可靠的协议,为什么还要使用它呢? 如果要求数据必须绝对准确地到达目的地,显然不能选择 UDP 来通信。但有时候人们需要较快速地传输信息,并能容忍小的错误，就可以考虑使用 UDP。

基于 UDP 通信的基本模式是：

（1）将数据封装在数据包中，然后将数据包发往目的地。

（2）接收数据包，然后查看数据包中的内容。

2. 实验目的

掌握 DatagramSocket 类的使用。

3. 实验要求

编写 C/S 程序，客户端使用 DatagramSocket 对象将数据包发送到服务器，请求获取服务器端的图像。服务器端将图像文件封装在数据包中，并使用 DatagramSocket 对象将该数据包发送到客户端。首先将服务器端的程序编译通过，并运行起来，等待客户的请求。

4. 运行结果示例

程序运行结果如图 16.5 所示。

5. 程序模板

按模板要求，将【代码】部分替换为 Java 程序代码。

//客户端模板 ClientGetImage. java

```java
import java.net. * ;
import java.awt. * ;
import java.awt.event. * ;
import java.io. * ;
import javax.swing. * ;
class ImageCanvas extends Canvas {
    Image image = null;
    public ImageCanvas() {
        setSize(200,200);
    }
    public void paint(Graphics g) {
        if(image! = null)
            g.drawImage(image,0,0,this);
    }
    public void setImage(Image image) {
        this.image = image;
    }
}
public class ClientGetImage extends JFrame implements Runnable,ActionListener {
    JButton b = new JButton("获取图像");
    ImageCanvas canvas;
    ClientGetImage() {
        super("I am a client");
        setSize(320,200);
        setVisible(true);
        b.addActionListener(this);
        add(b,BorderLayout.NORTH);
        canvas = new ImageCanvas();
        add(canvas,BorderLayout.CENTER);
```

(a) 客户端

客户的地址:/127.0.0.1
正在等待

(b) 服务器端

图 16.5　实验 5 程序运行
结果

```java
        Thread thread = new Thread(this);
        validate();
        setDefaultCloseOperation(JFrame.EXIT_ON_CLOSE);
        thread.start();
    }
    public void actionPerformed(ActionEvent event) {
        byte b[] = "请发图像".trim().getBytes();
        try{    InetAddress address = InetAddress.getByName("127.0.0.1");
                DatagramPacket data =【代码 1】   //创建 data,该数据包的目标地址和端口分别是
                                                 //address 和 1234,其中的数据为数组 b 的全部字节
                DatagramSocket mailSend =【代码 2】    //创建负责发送数据的 mailSend 对象
                    【代码 3】                         //mailSend 发送数据 data
            }
        catch(Exception e){}
    }
    public void run() {
        DatagramPacket pack = null;
        DatagramSocket mailReceive = null;
        byte b[] = new byte[8192];
        ByteArrayOutputStream out = new ByteArrayOutputStream();
        try{    pack = new DatagramPacket(b,b.length);
                mailReceive =【代码 4】    //创建在端口 5678 负责接收数据包的 mailReceive 对象
            }
        catch(Exception e){}
        try{    while(true)
                {   mailReceive.receive(pack);
                    String message = new String(pack.getData(),0,pack.getLength());
                    if(message.startsWith("end")) {
                        break;
                    }
                    out.write(pack.getData(),0,pack.getLength());
                }
            byte imagebyte[] = out.toByteArray();
            out.close();
            Toolkit tool = getToolkit();
            Image image = tool.createImage(imagebyte);
            canvas.setImage(image);
            canvas.repaint();
            validate();
        }
        catch(IOException e){}
    }
    public static void main(String args[]) {
        new ClientGetImage();
    }
}
//服务器端模板 Server.Imagejava
import java.net.*;
```

Java 中的网络编程

```java
import java.io. * ;
public class ServerImage {
    public static void main(String args[]) {
        DatagramPacket pack = null;
        DatagramSocket mailReceive = null;
        ServerThread thread;
        byte b[ ] = new byte[8192];
        InetAddress address = null;
        pack = new DatagramPacket(b, b. length);
        while(true) {
            try{    mailReceive = new DatagramSocket(1234);
            }
            catch(IOException e1) {
                    System. out. println("正在等待");
            }
            try{    mailReceive. receive(pack);
                    address = pack. getAddress();
                    System. out. println("客户的地址:" + address);
            }
            catch (IOException e) {}
            if(address! = null) {
                    new ServerThread(address). start();
            }
        }
    }
}
class ServerThread extends Thread {
    InetAddress address;
    DataOutputStream out = null;
    DataInputStream in = null;
    String s = null;
    ServerThread(InetAddress address) {
        this. address = address;
    }
    public void run() {
        FileInputStream in;
        byte b[ ] = new byte[8192];
        try{    in = new   FileInputStream ("a. jpg");
                int n = - 1;
                while((n = in. read(b))! = - 1) {
                    DatagramPacket data = new DatagramPacket(b, n, address, 5678);
                    DatagramSocket mailSend = new DatagramSocket();
                    mailSend. send(data);
                }
                in. close();
                byte end[ ] = "end". getBytes();
                DatagramPacket data = new DatagramPacket(end, end. length, address, 5678);
                DatagramSocket mailSend = new DatagramSocket();
```

```
            mailSend.send(data);
        }
        catch(Exception e){}
    }
}
```

6. 实验指导

基于 UDP 通信的基本模式是：创建数据包,然后将数据包发往目的地；接收数据包,然后查看数据包中的内容。

7. 实验后的练习

将上述模板程序改成用户从服务器获取一个文本文件的内容,并显示在客户端。

8. 填写实验报告

实验编号：1605　　学生姓名：　　　　　实验时间：　　　　　教师签字：

实验效果评价	A	B	C	D	E
模板完成情况					
实验后练习效果评价	A	B	C	D	E
练习完成情况					
总评					

实 验 答 案

实验 1

【代码 1】　url = new URL(name);

【代码 2】　url.getHost();

【代码 3】　url.openStream();

实验 2

【代码 1】　clientSocket.getInputStream();

【代码 2】　clientSocket.getOutputStream();

【代码 3】　new ServerSocket(4331);

【代码 4】　server.accept();

实验 3

【代码 1】　mysocket.getInputStream();

【代码 2】　mysocket.getOutputStream();

【代码 3】　new ServerSocket(4331);

【代码 4】　server.accept();

实验 4

【代码 1】　mysocket.getInputStream();

【代码 2】　mysocket.getOutputStream();

【代码 3】　new ServerSocket(4331);

Java 中的网络编程

【代码 4】　server. accept();

实验 5

【代码 1】　new DatagramPacket(b,b. length，address,1234);

【代码 2】　new DatagramSocket();

【代码 3】　mailSend. send(data);

【代码 4】　new DatagramSocket(5678);

第二部分

主教材习题解答

习 题 1

1. 判断题

(1)(√) (2)(×) (3)(×) (4)(√) (5)(×) (6)(×) (7)(×)

2. 单选题

(1) B (2) D (3) A (4) C (5) C

3. 挑错题

(1) D (2) A (3) B

4. A) Speak.java

  B) 两个字节码文件：Speak.class，Xiti4.class

  C) Xiti4

  D) 错误：在类 Speak 中找不到 main()方法

5. 编程题

```java
//Speak.java
public class Speak {
    void speakHello() {
        System.out.println("I'm glad to meet you");
    }
}
//Xiti4.java
public class Xiti4 {
    public static void main(String args[]) {
        Speak sp = new Speak();
        sp.speakHello();
    }
}
```

习 题 2

1. 判断题

(1)(×) (2)(√) (3)(√) (4)(×) (5)(√)

(6)(√) (7)(√) (8)(√) (9)(×) (10)(×)

2. 单选题

(1) B (2) A (3) C (4)A (5) D (6) B (7) B (8) D

3. 挑错题

(1) D (2) A (3) B (4) C

4. 读程序题

(1) 127 (2) 200 (3) 1 (4) 600

5. 编程题

```java
public class Xiti5{
```

```
public static void main (String args[ ]){
    char ch1 = '你',ch2 = '我',ch3 = '他';
    System.out.println("\"" + ch1 + "\"的位置:" + (int)ch1);
    System.out.println("\"" + ch2 + "\"的位置:" + (int)ch2);
    System.out.println("\"" + ch3 + "\"的位置:" + (int)ch3);
    }
}
```

习　题　3

1. 判断题

(1)（×）　(2)（√）　(3)（√）　(4)（×）　(5)（√）

(6)（√）　(7)（√）　(8)（√）　(9)（×）　(10)（×）

2. 单选题

(1) A　(2) C　(3) B　(4) C　(5) C

3. 挑错题

(1) D　(2) B　(3) D

4. 读程序题

(1) truehello10　(2) truehello100　(3) 321　(4) 5

5. 编程题

(1)

```
public class E {
    public static void main (String args[ ]){
        int startPosition = 0,endPosition = 0;
        char cStart = 'a',cEnd = 'я';
        startPosition = (int)cStart;
        endPosition = (int)cEnd ;
        System.out.println("俄文字母表:");
        for(int i = startPosition;i <= endPosition;i++){
            char c = '\0';
            c = (char)i;                        //i 做 char 型转换运算,并将结果赋值给 c
            System.out.print(" " + c);
            if((i - startPosition + 1) % 10 == 0)
                System.out.println("");
        }
    }
}
```

(2)

```
public class E {
    public static void main(String args[]){
        double sum = 0,a = 1;
        int i = 1;
        while(i <= 20){
            sum = sum + a;
```

```
            i++;
            a = a * i;
        }
        System.out.println("sum = " + sum);
    }
}
```

（3）

```
public class E {
    public static void main(String args[]) {
        int i,j;
        for(j = 2;j <= 100;j++) {
            for(i = 2;i <= j/2;i++) {
                if(j % i == 0)
                    break;
            }
            if(i > j/2) {
                System.out.print(" " + j);
            }
        }
    }
}
```

（4）

```
public class E {
    public static void main(String args[]) {
        double sum = 0,a = 1,i = 1;
        while(i <= 20){
            sum = sum + a;
            i++;
            a = (1.0/i) * a;
        }
        System.out.println("使用 while 循环计算的 sum = " + sum);
        for(sum = 0,i = 1,a = 1;i <= 20;i++) {
            a = a * (1.0/i);
            sum = sum + a;
        }
        System.out.println("使用 for 循环计算的 sum = " + sum);
    }
}
```

（5）

```
public class E {
    public static void main(String args[]){
        int sum = 0,i,j;
        for(i = 1;i <= 1000;i++){
            for(j = 1,sum = 0;j < i;j++){
                if(i % j == 0)
                    sum = sum + j;
```

```
            }
            if(sum == i)
                System.out.println("完数 :" + i);
        }
    }
}
```

（6）

```
import java.util.Scanner;
public class E {
    public static void main (String args[ ]){
        System.out.println("请输入两个非零正整数,每输入一个数回车确认");
        Scanner reader = new Scanner(System.in);
        int m = 0, n = 0, temp = 0, gy = 0, gb = 0, a, b;
        a = m =  reader.nextInt();
        b = n =  reader.nextInt();
        if(m < n){
            temp = m;
            m = n;
            n = temp;
        }
        int r = m % n;
        while(r != 0) {
            n = m;
            m = r;
            r = m % n;
        }
        gy = n;
        gb = a * b/gy;
        System.out.println("最大公约数 :" + gy);
        System.out.println("最小公倍数 :" + gb);
    }
}
```

（7）

```
public class E {
    public static void main(String args[]){
        int n = 1;
        long sum = 0, t = 1;
        t = n * t;
        while(true){
            sum = sum + t;
            if(sum > 9999)
                break;
            n++;
            t = n * t;
        }
        System.out.println("满足条件的最大整数:" + (n - 1));
    }
}
```

主教材习题解答

习 题 4

1. 判断题

(1) (√)　(2) (√)　(3) (√)　(4) (×)　(5) (√)

(6) (√)　(7) (√)　(8) (√)　(9) (×)　(10) (×)

2. 单选题

(1) D　(2) A　(3) C　(4) A　(5) C

3. 挑错题

(1) B　(2) B　(3) C

4. 读程序题

(1) 121:111:111　(2) 100:88:188　(3) 10:50　(4) 20:11

5. 编程题

(1) 属于操作题,无解答

(2)

```java
//CPU.java
public class CPU {
    int speed;
    int getSpeed() {
        return speed;
    }
    public void setSpeed(int speed) {
        this.speed = speed;
    }
}
//HardDisk.java
public class HardDisk {
    int amount;
    int getAmount() {
        return amount;
    }
    public void setAmount(int amount) {
        this.amount = amount;
    }
}
//PC.java
public class PC {
    CPU cpu;
    HardDisk HD;
    void setCPU(CPU cpu) {
        this.cpu = cpu;
    }
        void setHardDisk(HardDisk HD) {
        this.HD = HD;
    }
```

```
    void show(){
        System.out.println("CPU 速度:" + cpu.getSpeed());
        System.out.println("硬盘容量:" + HD.getAmount());
    }
}
```

//Test.java
```
public class Test {
    public static void main(String args[]) {
        CPU cpu = new CPU();
        HardDisk HD = new HardDisk();
        cpu.setSpeed(2200);
        HD.setAmount(200);
        PC pc = new PC();
        pc.setCPU(cpu);
        pc.setHardDisk(HD);
        pc.show();
    }
}
```

习　题　5

1. 判断题

(1)（×）　(2)（√）　(3)（×）　(4)（√）　(5)（×）

(6)（√）　(7)（√）　(8)（√）　(9)（×）　(10)（×）

2. 单选题

(1) D　(2) A　(3) B　(4) C　(5) D　(6) A

3. 挑错题

(1) B　(2) D　(3) C　(4) D

4. 读程序题

(1) 22　(2) 6:6:100　(3) 18:18　(4) 18:12:7:6

5. 编程题

(1)

```
class A {
    public final void f(){
        char cStart = 'a', cEnd = 'z';
        for(char c = cStart; c <= cEnd; c++) {
            System.out.print(" " + c);
        }
    }
}
class B extends A {
    public void g() {
        char cStart = 'α', cEnd = 'ω';
        for(char c = cStart; c <= cEnd; c++){
            System.out.print(" " + c);
```

147

```java
            }
        }
    }
public class E {
    public static void main (String args[ ]) {
        B b = new B();
        b. f();
        b. g();
    }
}
```

(2)

```java
class A {
    public int f( int a, int b){
        if(b < a){
            int temp = 0;
            temp = a;
            a = b;
            b = temp;
        }
        int r = b % a;
        while(r!= 0) {
            b = a;
            a = r;
            r = b % a;
        }
        return a;
    }
}
class B extends A {
    public int f( int a, int b) {
        int division = super. f(a, b);
        return (a * b)/division;
    }
}
public class E {
    public static void main (String args[ ]) {
        A a = new A();
        System. out. println("最大公约数 :" + a. f(36, 24));
        a =  new B();
        System. out. println("最小公倍数 :" + a. f(36, 24));
    }
}
```

习　题　6

1. 判断题

(1)（√）　(2)（√）　(3)（√）　(4)（√）　(5)（√）

(6)（×）　(7)（×）　(8)（√）　(9)（×）　(10)（√）

2．单选题

(1) A　(2) A　(3) C

3．挑错题

(1) C　(2) D　(3) B

4．读程序题

(1) welcome!　(2) 20　(3) 99　(4) 100：101

5．编程题

```java
import java.util. * ;
public class E {
    public static void main (String args[ ]){
        Scanner reader = new Scanner(System.in);
        double sum = 0;
          int m = 0;
          while(reader.hasNextDouble()){
              double x = reader.nextDouble();
              assert x < 100&& x > = 0 : "数据不合理";
              m = m + 1;
              sum = sum + x;
          }
          System.out.printf(" % d个数的和为 % f\n",m,sum);
    }
}
```

习　题　7

1.

（1）Strategy 是接口。

（2）Army 不是抽象类。

（3）Army 和 Strategy 是关联关系。

（4）StrategyA、StrategyB、StrategyC 与 Strategy 是实现关系。

2.

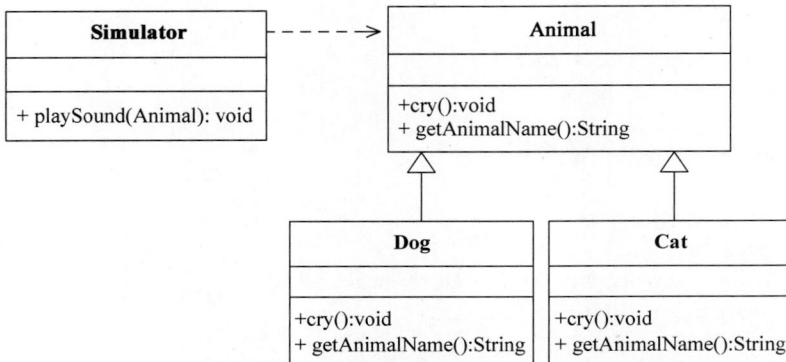

例 5.13 的 UML 类图

3.

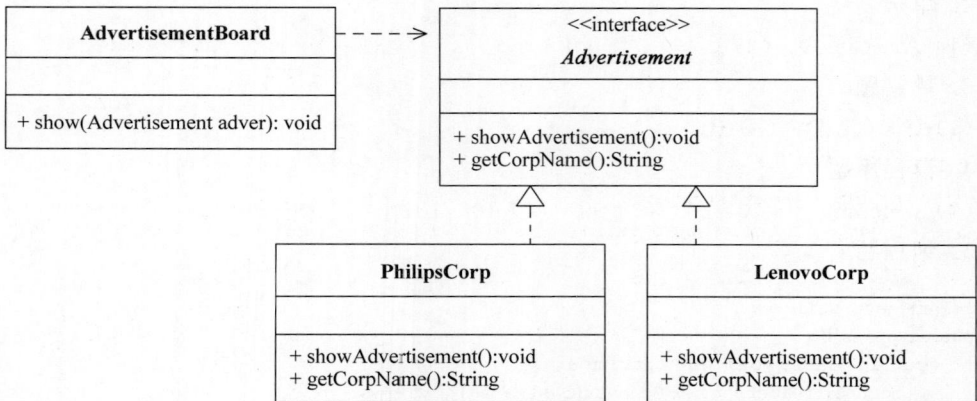

例 5.17 的 UML 类图

4. 例 5.13 的设计符合"开-闭"原则。

5. 例 5.17 的设计符合"开-闭"原则。

习 题 8

1.

1）策略（Strategy）PrintCharacter.java

```java
public interface PrintCharacter{
    public abstract void printTable(char [] a,char[] b);
}
```

2）具体策略

```java
//PrintStrategyOne.java
public class PrintStrategyOne implements PrintCharacter {
    public void printTable(char [] a,char[] b) {
        for( int i = 0;i < a.length;i++) {
            System.out.print(a[i] + ",");
        }
        for( int i = 0;i < b.length;i++) {
            System.out.print(b[i] + ",");
        }
        System.out.println("");
    }
}
//PrintStrategyTwo.java
public class PrintStrategyTwo implements PrintCharacter {
    public void printTable(char [] a,char[] b) {

        for( int i = 0;i < a.length;i++) {
            System.out.print(b[i] + "," + a[i] + ",");
```

```
        }
    }
}
```

3) 上下文 PrintGame. java

```java
public class PrintGame {
    PrintCharacter strategy;
    public void setStrategy(PrintCharacter strategy) {
        this. strategy = strategy;
    }
    public void getPersonScore(char[] a, char[] b){
        if(strategy == null)
            System. out. println("sorry!");
        else
            strategy. printTable(a, b);
    }
}
```

应用以上策略：

```java
public class Application {
    public static void main(String args[]) {
        char [ ] a = new char[26];
        char [ ] b = new char[26];
        for(int i = 0; i <= 25; i++){
            a[i] = (char)('a' + i);
        }
        for(int i = 0; i <= 25; i++){
            b[i] = (char)('A' + i);
        }
        PrintGame game = new PrintGame();                   //上下文对象
        game. setStrategy(new PrintStrategyOne());    //上下文对象使用策略一

        System. out. println("方案 1:");
        game. getPersonScore(a, b);

        game. setStrategy(new PrintStrategyTwo());    //上下文对象使用策略二
        System. out. println("方案 2:");
        game. getPersonScore(a, b);
    }
}
```

2. 参照本章 8.3.3 节自主完成。

习 题 9

1. 判断题

(1)（√） (2)（×） (3)（√） (4)（×） (5)（√）

(6) (√)　(7) (√)　(8) (√)　(9) (×)　(10) (√)

2. 单选题

(1) A　(2) D　(3) B　(4) A　(5) B　(6) D　(7) D

3. 挑错题

(1) A　(2) D　(3) B

4. 读程序题

(1) 20:58:18　(2) 7:hello　(3) 苹果　(4) 4:6 日

5. 编程题

(1)

```java
import java.util.*;
public class E {
    public static void main(String args[]) {
        String cost = "数学87分,物理76分,英语96分";
        Scanner scanner = new Scanner(cost);
        scanner.useDelimiter("[^0123456789.]+");
        double sum = 0;
        int count = 0;
        while(scanner.hasNext()){
            try{ double score = scanner.nextDouble();
                count++;
                sum = sum + score;
                System.out.println(score);
            }
            catch(InputMismatchException exp){
                String t = scanner.next();
            }
        }
        System.out.println("总分:" + sum + "分");
        System.out.println("平均分:" + sum/count + "分");
    }
}
```

(2)

```java
import java.time.*;
import java.util.Scanner;
class GiveCalendar {
    public LocalDate[] getCalendar(LocalDate date) {
        date = date.withDayOfMonth(1);          //确保data的day是1,即day的值是1
        int days = date.lengthOfMonth();        //得到该月有几天
        LocalDate dataArrays[] = new LocalDate[days];
        for(int i = 0;i < days;i++){
            dataArrays[i] = date.plusDays(i);
        }
        return dataArrays;
    }
}
public class E {
```

```java
    public static void main(String args[]) {
        Scanner scanner = new Scanner(System.in);
        System.out.print("输入年:");
        int year = scanner.nextInt();
        System.out.print("输入月:");
        int month = scanner.nextInt();
        LocalDate date = LocalDate.of(year,month,1);
        GiveCalendar giveCalendar = new GiveCalendar();
        LocalDate [] dataArrays = giveCalendar.getCalendar(date);
        printNameHead(date);                          //输出日历的头
        for(int i = 0;i < dataArrays.length;i++) {
            if( i == 0){
                printSpace(dataArrays[i].getDayOfWeek());
                System.out.printf("%4d",dataArrays[i].getDayOfMonth());
            }
            else {
                System.out.printf("%4d",dataArrays[i].getDayOfMonth());
            }
            if(dataArrays[i].getDayOfWeek() == DayOfWeek.SATURDAY)
                System.out.println();                 //日历样式中的星期回行
        }
    }
    public static void printSpace(DayOfWeek x) {       //输出空格
       switch(x) {
           case SUNDAY:printSpace(0);
                       break;
           case MONDAY:printSpace(1);
                       break;
           case TUESDAY:printSpace(2);
                       break;
           case WEDNESDAY:printSpace(3);
                       break;
           case THURSDAY: printSpace(4);
                       break;
           case FRIDAY: printSpace(5);
                       break;
           case SATURDAY: printSpace(6);
                       break;
       }
    }
    public static void printSpace(int n){
       for(int i = 0;i < n;i++)
          System.out.printf("%4s","");                 //输出 4 个空格
    }
    public static void printNameHead(LocalDate date){  //输出日历的头
       System.out.println(date.getYear() + "年" + date.getMonthValue() + "月日历:");
       String name[] = {"日","一","二","三","四","五","六"};
       for(int i = 0;i < name.length;i++)
           System.out.printf("%3s",name[i]);
       System.out.println();
    }
}
```

(3)

```
import java.time. * ;
import java.util.Scanner;
import java.time.temporal.ChronoUnit;
public class E {
    public static void main(String args[ ]) {
        Scanner scanner = new Scanner(System.in);
        System.out.print("输入开始的年份、月份和日期(以空格分隔):");
        int year = scanner.nextInt();
        int month = scanner.nextInt();
        int day = scanner.nextInt();
        LocalDate dateStart = LocalDate.of(year,month,day);
        System.out.print("输入结束的年份、月份和日期(以空格分隔):");
        year = scanner.nextInt();
        month = scanner.nextInt();
        day = scanner.nextInt();
        LocalDate dateEnd = LocalDate.of(year,month,day);
        long days = dateStart.until(dateEnd,ChronoUnit.DAYS);
        System.out.println(dateStart + "和" + dateEnd + "相隔:");
        System.out.println(days + "天(不足一天的零头按 0 计算)");
    }
}
```

习　题　10

1. 判断题

(1)(√)　(2)(×)　(3)(√)　(4)(×)　(5)(√)

(6)(√)　(7)(√)　(8)(√)　(9)(×)　(10)(√)

2. 单选题

(1) D　(2) A　(3) D　(4) B　(5) B　(6) C

3. 挑错题

(1) C　(2) C　(3) D

4. 读程序题

(1) good　(2) 81

5. 编程题

(1) 有两个 Java 源文件：Computer.java 和 E.java。

```
//Computer.java
import java.util.regex.Pattern;
import java.util.regex.Matcher;
public class Computer {
    double sum;
    double aver;
    public void setComputer(String input) {
```

```
        Pattern pattern;                      //模式对象
        Matcher matcher;                      //匹配对象
        String regex = "-?[0-9][0-9]*[.]?[0-9]*";        //匹配数字的正则表达式
        pattern = Pattern.compile(regex);     //初始化模式对象
        matcher = pattern.matcher(input);     //初始化匹配对象,用于检索 input
        sum = 0;
        aver = 0;
        int count = 0;
        while(matcher.find()) {
            String str = matcher.group();
            count ++;
            sum += Double.parseDouble(str);
        }
        aver = sum/count;
    }
    public double getSum(){
        return sum;
    }
    public double getAver(){
        return aver;
    }
}
//E.java
import java.awt.*;
import java.awt.event.*;
import javax.swing.*;
public class E {
    public static void main(String args[]) {
        ComputerFrame fr = new ComputerFrame();
        fr.setTitle("计算的窗口");
    }
}
class ComputerFrame extends JFrame {
    TextArea inputNumber,showResult;
    double sum = 0,aver = 0;
    Computer computer;
    public ComputerFrame() {
        computer = new Computer();
        setLayout(new FlowLayout());
        inputNumber = new TextArea(6,20);
        showResult = new TextArea(6,20);
        add(inputNumber);
        add(showResult);
        showResult.setEditable(false);
        inputNumber.addTextListener((e) ->{
                        computer.setComputer(inputNumber.getText());
                        String s = "和" + computer.getSum() + "\n" +
                            "平均" + computer.getAver();
                        showResult.setText(s);
                    });
        setSize(300,320);
```

```
            setVisible(true);
            setDefaultCloseOperation(JFrame.DISPOSE_ON_CLOSE);
            validate();
        }
}
```

（2）有一个 java 源文件：E.java。

```
//E.java
import java.awt. * ;
import javax.swing. * ;
import java.awt.event. * ;
public class E {
    public static void main(String args[]) {
        ComputerFrame fr = new ComputerFrame();
        fr.setTitle("计算");
    }
}
class ComputerFrame extends JFrame {
    JTextField inputNumber1,inputNumber2,showResult;
    Button buttonMultiAdd,buttonMultiSub,buttonMulti,buttonMultiDiv;
    JLabel showOperator;
    public ComputerFrame() {
        setLayout(new FlowLayout());
        inputNumber1 = new JTextField(10);
        inputNumber2 = new JTextField(10);
        showResult = new JTextField(10);
        showOperator = new JLabel(" ",showOperator.CENTER);
        showOperator.setBackground(Color.green);
        add(inputNumber1);
        add(showOperator);
        add(inputNumber2);
        add(showResult);
        buttonMultiAdd = new Button("加");
        buttonMultiSub = new Button("减");
        buttonMulti = new Button("乘");
        buttonMultiDiv = new Button("除");
        add(buttonMultiAdd);
        add(buttonMultiSub);
        add(buttonMulti);
        add(buttonMultiDiv);
        buttonMultiAdd.addActionListener((e) ->{
            double n1,n2,n;
            try{ n1 = Double.parseDouble(inputNumber1.getText());
                n2 = Double.parseDouble(inputNumber2.getText());
                n = n1 + n2;
                showResult.setText(String.valueOf(n));
                showOperator.setText(" + ");
            }
            catch(NumberFormatException ee){
                showResult.setText("请输入数字字符");
```

```java
            }
        });
        buttonMultiSub.addActionListener((e) ->{
            double n1,n2,n;
            try{ n1 = Double.parseDouble(inputNumber1.getText());
                 n2 = Double.parseDouble(inputNumber2.getText());
                 n = n1 - n2;
                 showResult.setText(String.valueOf(n));
                 showOperator.setText(" + ");
            }
            catch(NumberFormatException ee){
               showResult.setText("请输入数字字符");
            }
        });
        buttonMulti.addActionListener((e) ->{
            double n1,n2,n;
            try{ n1 = Double.parseDouble(inputNumber1.getText());
                 n2 = Double.parseDouble(inputNumber2.getText());
                 n = n1 * n2;
                 showResult.setText(String.valueOf(n));
                 showOperator.setText(" + ");
            }
            catch(NumberFormatException ee){
               showResult.setText("请输入数字字符");
            }
        });
        buttonMultiDiv.addActionListener((e) ->{
            double n1,n2,n;
            try{ n1 = Double.parseDouble(inputNumber1.getText());
                 n2 = Double.parseDouble(inputNumber2.getText());
                 n = n1/n2;
                 showResult.setText(String.valueOf(n));
                 showOperator.setText(" + ");
            }
            catch(NumberFormatException ee){
               showResult.setText("请输入数字字符");
            }
        });
        setSize(300,320);
        setVisible(true);
        setDefaultCloseOperation(JFrame.DISPOSE_ON_CLOSE);
        validate();
    }
}
```

习　题　11

1. A

2.

```java
import java.awt.event.*;
import java.awt.*;
```

```
import javax.swing. * ;
class Dwindow extends JFrame implements ActionListener{
    JTextField inputNumber;
    JTextArea save;
    Dwindow(){
        inputNumber = new JTextField(22);
        inputNumber.addActionListener(this);
        save = new JTextArea(12,16);
        setLayout(new FlowLayout());
        add(inputNumber);
        add(save);
        setBounds(60,60,300,300);
        setVisible(true);
        validate();
        setDefaultCloseOperation(JFrame.HIDE_ON_CLOSE);
    }
    public void actionPerformed(ActionEvent event) {
        String s = inputNumber.getText();
        double n = 0;
        try{
           n = Double.parseDouble(s);
           if(n > 1000){
              int select =
              JOptionPane.showConfirmDialog(this,"已经超过 1000,确认正确吗?","确认对话框",
                                                    JOptionPane.YES_NO_OPTION );
              if(select == JOptionPane.YES_OPTION)
                    save.append("\n" + s);
              else
                    inputNumber.setText(null);
           }
           else {
              save.append("\n" + s);
           }
        }
        catch(NumberFormatException e){
            JOptionPane.showMessageDialog(this,"您输入了非法字符","警告对话框",
                                            JOptionPane.WARNING_MESSAGE);
            inputNumber.setText(null);
        }
    }
}
public class E {
    public static void main(String args[]) {
        new Dwindow();
    }
}
```

3.

```
import java.awt.event. * ;
import java.awt. * ;
import javax.swing. * ;
```

```
public class E {
    public static void main(String args[]) {
        WindowColor win = new WindowColor();
        win.setTitle("带颜色对话框的窗口");
    }
}
class WindowColor extends JFrame {
    JTextArea text;
    JButton button;
    WindowColor() {
        button = new JButton("打开颜色对话框");
        text  =  new JTextArea(12,20);
        button.addActionListener((e) ->{
            Color newColor = JColorChooser.showDialog(this,"调色板",button.getBackground());
            if(newColor!= null) {
                text.setForeground(newColor);
            }});
        setLayout(new FlowLayout());
        add(button);
        add(text);
        setBounds(60,60,300,300);
        setVisible(true);
        setDefaultCloseOperation(JFrame.EXIT_ON_CLOSE);
    }
}
```

习 题 12

1. 使用 FileInputStream 流。

2. FileInputStream 按字节读取文件, FileReader 按字符读取文件。

3. 不能。

4. 使用对象流写入或读入对象时, 要保证对象是序列化的。

5. 使用对象流很容易获取一个序列化对象的副本, 只需将该对象写入对象输出流, 那么用对象输入流读回的对象一定是原对象的一个副本。

6.

```
import java.io. * ;
public class Xiti6 {
    public static void main(String args[]){
        File f = new File("E.java");;
        try{ RandomAccessFile random = new RandomAccessFile(f,"rw");
            random.seek(0);
            long m = random.length();
            while(m >= 0){
                m = m - 1;
                random.seek(m);
                int c = random.readByte();
                if(c <= 255&&c >= 0)
                    System.out.print((char)c);
```

```
                else {
                    m = m - 1;
                    random.seek(m);
                    byte cc[] = new byte[2];
                    random.readFully(cc);
                    System.out.print(new String(cc));
                }
            }
        }
        catch(Exception exp){}
    }
}
```

7.

```
import java.io.*;
public class Xiti7 {
    public static void main(String args[]){
        File file = new File("E.java");
        File tempFile = new File("temp.txt");
        try{ FileReader inOne = new FileReader(file);
            BufferedReader inTwo = new BufferedReader(inOne);
            FileWriter tofile = new FileWriter(tempFile);
            BufferedWriter out = new BufferedWriter(tofile);
            String s = null;
            int i = 0;
            s = inTwo.readLine();
            while(s!= null){
                i++;
                out.write(i + " " + s);
                out.newLine();
                s = inTwo.readLine();
            }
            inOne.close();
            inTwo.close();
            out.flush();
            out.close();
            tofile.close();
        }
        catch(IOException e){
            System.out.println(e);
        }
    }
}
```

8. 属于操作题目,无解答。

9. 有两个源文件：EWindow.java 和 ReadProblem.java。

```
//EWindow.java
import java.awt.*;
import javax.swing.*;
```

```
import java.awt.event.*;
public class EWindow extends JFrame implements ItemListener{
    JButton start,next;
    JRadioButton checkbox[];                    //显示单词选项
    JTextField showEnglishSentance,showScore;   //显示英语句子和得分
    int score = 0;
    ButtonGroup group;
    ReadProblem readProblem;                    //负责读取题目
    java.io.File file;
    EWindow(){
        readProblem = new ReadProblem();
        file = new java.io.File("English.txt");
        readProblem.setProblemFile(file);
        setTitle("英语单词学习");
        setLayout(new FlowLayout());
        showScore = new JTextField(10);
        showEnglishSentance = new JTextField(28);
        start = new JButton("重新练习");
        checkbox = new JRadioButton[4];
        group = new ButtonGroup();
        for(int i = 0;i <= 3;i++) {
            checkbox[i] = new JRadioButton("",false);
            group.add(checkbox[i]);
            checkbox[i].addItemListener(this);
        }
        start.addActionListener((e) ->{
            score = 0;
            readProblem.setProblemFile(file);
        });
        next = new JButton("下一题目");
        next.addActionListener((e) ->{
            readProblem.readAnProblem();
            if(readProblem.englishSentence == null){
                showScore.setText("练习完毕");
                return;
            }
            showEnglishSentance.setText(readProblem.englishSentence);
            checkbox[0].setText(readProblem.word1);
            checkbox[1].setText(readProblem.word2);
            checkbox[2].setText(readProblem.word3);
            checkbox[3].setText(readProblem.word4);

        });
        add(new JLabel("题目"));
        add(showEnglishSentance);
        add(new JLabel("得分:"));
        add(showScore);
        add(new JLabel("选择:"));
        for(int i = 0;i <= 3;i++) {
            add(checkbox[i]);
        }
```

第
二
部
分

主教材习题解答

```java
                add(next);
                add(start);
                setBounds(20,100,660,300);
                setVisible(true);
                setDefaultCloseOperation(JFrame.EXIT_ON_CLOSE);
        }
        public void itemStateChanged(ItemEvent e){
            JRadioButton check = (JRadioButton)e.getSource();
            if(check.isSelected()){
                group.clearSelection();
                String s = check.getText().trim();
                if(s.equals(readProblem.answer)){
                    score ++;
                    showScore.setText("" + score);
                }
            }
        }
        public static void main(String args[]){
            EWindow w = new EWindow();
            w.validate();
        }
    }
```

```java
//ReadProblem.java
import java.io.*;
public class ReadProblem {
    String englishSentence ;              //存放需要填空的英语句子
    String word1,word2,word3,word4;       //存放 4 个选项
    String answer;                        //存放答案
    FileReader in;
    BufferedReader inBuffer;
    public void setProblemFile(File f){
        try{
            in = new FileReader(f);
            inBuffer = new BufferedReader(in);
        }
        catch(FileNotFoundException exp){
            englishSentence = null;
        }
    }
    public void readAnProblem(){
        String lineMess = null;
        try{
            lineMess = inBuffer.readLine();
            if(lineMess == null||lineMess.startsWith("endend")){
                englishSentence = null;
                return;
            }
            lineMess = lineMess.trim();
            String []a = lineMess.split("[#]+");
            englishSentence = a[0];
            word1 = a[1];
```

```
            word2 = a[2];
            word3 = a[3];
            word4 = a[4];
            answer = a[5];
        }
        catch(IOException exp){
            englishSentence = null;
        }
    }
}
```

习 题 13

1. 一个使用链式结构；一个使用顺序结构。

2. 8。

3. ABCD。

4. 选用 HashMap < K, V >存储。

5.

```
import java.util. * ;
class UFlashKey implements Comparable {
    double d = 0;
    UFlashKey (double d) {
        this.d = d;
    }
    public int compareTo(Object b) {
        UFlashKey st = (UFlashKey)b;
        if((this.d - st.d) == 0)
            return - 1;
        else
            return (int)((this.d - st.d) * 1000);
    }
}
class UFlash {
    String name = null;
    double capacity, price;
    UFlash(String s, double m, double e) {
        name = s;
        capacity = m;
        price = e;
    }
}
public class Xiti5 {
    public static void main(String args[ ]) {
        TreeMap < UFlashKey, UFlash > treemap = new TreeMap < UFlashKey, UFlash >();
        String str[ ] = {"U1", "U2", "U3", "U4", "U5", "U6", "U7", "U8", "U9", "U10"};
        double capacity[ ] = {1, 2, 2, 4, 0.5, 10, 8, 4, 4, 2};
        double price[ ] = {30, 66, 90, 56, 50, 149, 120, 80, 85, 65};
```

主教材习题解答

```
        UFlash UFlash[ ] = new UFlash[10];
        for(int k = 0;k < UFlash.length;k++) {
            UFlash[k] = new UFlash(str[k],capacity[k],price[k]);
        }
        UFlashKey key[ ] = new UFlashKey[10];
        for(int k = 0;k < key.length;k++) {
            key[k] = new UFlashKey(UFlash[k].capacity);        //关键字按容量排序
        }
        for(int k = 0;k < UFlash.length;k++) {
            treemap.put(key[k],UFlash[k]);
        }
        int number = treemap.size();
        System.out.println("树映射中有" + number + "个对象,按容量排序:");
        Collection < UFlash > collection = treemap.values();
        Iterator < UFlash > iter = collection.iterator();
        while(iter.hasNext()) {
            UFlash stu = iter.next();
            System.out.println("U 盘 " + stu.name + " 容量 " + stu.capacity);
        }
        treemap.clear();
        for(int k = 0;k < key.length;k++) {
            key[k] = new UFlashKey(UFlash[k].price);        //关键字按价格排序
        }
        for(int k = 0;k < UFlash.length;k++) {
            treemap.put(key[k],UFlash[k]);
        }
        number = treemap.size();
        System.out.println("树映射中有" + number + "个对象:按价格排序:");
        collection = treemap.values();
        iter = collection.iterator();
        while(iter.hasNext()) {
            UFlash stu = (UFlash)iter.next();
            System.out.println("U 盘 " + stu.name + " 价格 " + stu.price);
        }
    }
}
```

习　题　14

1.（1）用管理员身份启动命令行窗口,然后进入 MySQL 安装目录的 bin 子目录下输入"mysqld"或"mysqld -nt",回车启动 MySQL 数据库服务器。

（2）java -cp jar 文件 1;jar 文件 2;主类。

在 jar 文件和主类名之间用分号分隔,而且分号和主类名之间必须留有至少一个空格。

（3）使用预处理语句不仅减轻了数据库的负担,而且提高了访问数据库的速度。

（4）事务由一组 SQL 语句组成。所谓事务处理,是指应用程序保证事务中的 SQL 语句要么全部执行,要么一个都不执行。步骤如下:

① 使用 setAutoCommit(boolean autoCommit)方法。

con 对象首先调用 setAutoCommit(boolean autoCommit)方法,将参数 autoCommit 取值 false 来关闭默认设置:

```
con.setAutoCommit(false);
```

② 使用 commit()方法。con 调用 commit()方法让事务中的 SQL 语句全部生效。

③ 使用 rollback()方法。con 调用 rollback()方法撤销事务中成功执行过的 SQL 语句对数据库数据所做的更新、插入或删除操作,即撤销引起数据变化的 SQL 语句操作,将数据库中的数据恢复到 commit()方法执行之前的状态。

2. 编程题

(1) 参看例 15.3 的代码。

(2) 有两个源文件:E. java 和 Query. java。注意加载 Access 数据库连接器,参见 14.13 节。

```
java – cp Access_JDBC30.jar; E
```

注意:在 jar 文件和主类名之间用分号分隔,而且分号和主类名之间留有至少一个空格。

```java
//E. java
import javax.swing.*;
public class E {
    public static void main(String args[]) {
        String [] tableHead;
        String [][] content;
        JTable table ;
        JFrame win = new JFrame();
        Query findRecord = new Query();
        findRecord.setDatabaseName("Book.accdb");
        findRecord.setSQL("select * from bookList");
        content = findRecord.getRecord();        //返回二维数组,即查询的全部记录
        tableHead = findRecord.getColumnName();//返回全部字段(列)名
        table = new JTable(content,tableHead);
        win.add(new JScrollPane(table));
        win.setBounds(12,100,400,200);
        win.setVisible(true); win.setDefaultCloseOperation(JFrame.DISPOSE_ON_CLOSE);
    }
}
//Query. java
import java.sql.*;
public class Query {
    String databaseName = "";           //数据库名
    String SQL;                         //SQL 语句
    String [] columnName;               //全部字段(列)名
    String [][] record;                 //查询到的记录
    public Query() {
        try{ Class.forName("com.hxtt.sql.access.AccessDriver");
        }
        catch(Exception e){}
```

```java
        }
        public void setDatabaseName(String s) {
            databaseName = s.trim();
        }
        public void setSQL(String SQL) {
            this.SQL = SQL.trim();
        }
        public String[] getColumnName() {
            if(columnName == null ){
                System.out.println("先查询记录");
                return null;
            }
            return columnName;
        }
        public String[][] getRecord() {
            startQuery();
            return record;
        }
        private void startQuery() {
            Connection con;
            Statement sql;
            ResultSet rs;
            String uri = "jdbc:Access://" + databaseName;
            try {
                con = DriverManager.getConnection(uri,"","");
                sql = con.createStatement(ResultSet.TYPE_SCROLL_SENSITIVE,
                                    ResultSet.CONCUR_READ_ONLY);
                rs = sql.executeQuery(SQL);
                ResultSetMetaData metaData = rs.getMetaData();
                int columnCount = metaData.getColumnCount();    //字段数目
                columnName = new String[columnCount];
                for(int i = 1;i <= columnCount;i++){
                        columnName[i - 1] = metaData.getColumnName(i);
                }
                rs.last();
                int recordAmount = rs.getRow();                 //结果集中的记录数目
                record = new String[recordAmount][columnCount];
                int i = 0;
                rs.beforeFirst();
                while(rs.next()) {
                    for(int j = 1;j <= columnCount;j++){
                        record[i][j - 1] = rs.getString(j);        //第 i 条记录放入二维数组第 i 行
                    }
                    i++;
                }
                con.close();
            }
            catch(SQLException e) {
                System.out.println("请输入正确的表名" + e);
            }
        }
    }
```

习　题　15

1. 4 种状态：新建、运行、中断和死亡。

2. 有 4 种原因的中断：

（1）JVM 将 CPU 资源从当前线程切换到其他线程，使本线程让出 CPU 的使用权处于中断状态。

（2）线程使用 CPU 资源期间，执行了 sleep(int millsecond)方法，使当前线程进入休眠状态。经过参数 millsecond 指定的毫秒数之后，该线程就重新进到线程队列中排队等待 CPU 资源，以便从中断处继续运行。

（3）线程使用 CPU 资源期间，执行了 wait()方法，使得当前线程进入等待状态。等待状态的线程不会主动进到线程队列中排队等待 CPU 资源，必须由其他线程调用 notify()方法通知它，使得它重新进到线程队列中排队等待 CPU 资源，以便从中断处继续运行。

（4）线程使用 CPU 资源期间，执行某个操作进入阻塞状态，例如执行读/写操作引起阻塞。进入阻塞状态时线程不能进入排队队列，只有当引起阻塞的原因消除时，线程才重新进到线程队列中排队等待 CPU 资源，以便从原来中断处开始继续运行。

3. 死亡状态，不能再调用 start()方法。

4. 新建和死亡状态。

5. 两种方法：用 Thread 类或其子类。

6. 使用 setPriority(int grade)方法。

7. Java 可以创建多个线程，在处理多线程问题时，必须注意这样一个问题：当两个或多个线程同时访问同一个变量，并且一个线程需要修改这个变量时，应对这样的问题做出处理，否则可能发生混乱。

8. 当一个线程使用的同步方法中用到某个变量，而此变量又需要其他线程修改后才能符合本线程的需要，那么可以在同步方法中使用 wait()方法。使用 wait()方法可以中断方法的执行，使本线程等待，暂时让出 CPU 的使用权，并允许其他线程使用这个同步方法。其他线程如果在使用这个同步方法时不需要等待，那么它使用完这个同步方法的同时，应当用 notifyAll()方法通知所有的由于使用这个同步方法而处于等待的线程结束等待。

9. 不合理。

10. "吵醒"休眠的线程。一个占有 CPU 资源的线程可以让休眠的线程调用 interrupt 方法"吵醒"自己，即导致休眠的线程发生 InterruptedException 异常，从而结束休眠，重新排队等待 CPU 资源。

11.

```
public class Xiti11 {
    public static void main(String args[]){
        Cinema a = new Cinema();
        a.zhang.start();
        a.sun.start();
        a.zhao.start();
    }
```

```
        }
class TicketSeller {                              //负责卖票的类
        int fiveNumber = 3, tenNumber = 0, twentyNumber = 0;
        public synchronized void sellTicket(int receiveMoney) {
            if(receiveMoney == 5) {
                fiveNumber = fiveNumber + 1;
                System.out.println(Thread.currentThread().getName() +
                                    "给我 5 元钱,这是您的一张入场券");
            }
            else if(receiveMoney == 10) {
                while(fiveNumber < 1){
                    try { System.out.println(Thread.currentThread().getName() + "靠边等");
                            wait();
                            System.out.println(Thread.currentThread().getName() + "结束等待");
                        }
                    catch(InterruptedException e) {}
                }
                fiveNumber = fiveNumber - 1;
                tenNumber = tenNumber + 1;
                System.out.println(Thread.currentThread().getName() +
                                "给我 10 元钱,找您 5 元,这是您的一张入场券");
            }
            else if(receiveMoney == 20) {
                while(fiveNumber < 1||tenNumber < 1){
                    try { System.out.println(Thread.currentThread().getName() + "靠边等");
                            wait();
                            System.out.println(Thread.currentThread().getName() + "结束等待");
                        }
                    catch(InterruptedException e) {}
                }
                fiveNumber = fiveNumber - 1;
                tenNumber = tenNumber - 1;
                twentyNumber = twentyNumber + 1;
                System.out.println(Thread.currentThread().getName() +
                                "给我 20 元钱,找您一张 5 元和一张 10 元,这是您的一张入场券");

            }
            notifyAll();
        }
}
class Cinema implements Runnable {
        Thread zhang, sun, zhao;
        TicketSeller seller;
        Cinema(){
            zhang = new Thread(this);
            sun = new Thread(this);
            zhao = new Thread(this);
            zhang.setName("张小有");
            sun.setName("孙大名");
            zhao.setName("赵中堂");
            seller = new TicketSeller();
```

```
    }
    public void run(){
        if(Thread.currentThread() == zhang)
            seller.sellTicket(20);
        else if(Thread.currentThread() == sun)
            seller.sellTicket(10);
        else if(Thread.currentThread() == zhao)
            seller.sellTicket(5);
    }
}
```

12. 参照本章例 15.9。

13. BA

习　题　16

1. URL 对象调用 InputStream openStream( )方法可以返回一个输入流。

2. 客户端的程序使用 Socket 类建立负责连接服务器的套接字对象称为 Socket 对象。

使用 Socket 类的构造方法 Socket(String host,int port),建立连接到服务器的套接字对象。参考 16.3.2 小节。

3. JEditorPane。

4. 会返回一个和客户端 Socket 对象相连接的 Socket 对象。

5. 域名/IP 地址,例如 www.sina.com.cn/202.108.35.210。

6. 参照例 16.6,只需将例子中的圆更改为三角形即可。

7. 参照例 16.6 的步骤和代码,再结合输入流即可。

图书资源支持

感谢您一直以来对清华版图书的支持和爱护。为了配合本书的使用，本书提供配套的资源，有需求的读者请扫描下方的"书圈"微信公众号二维码，在图书专区下载，也可以拨打电话或发送电子邮件咨询。

如果您在使用本书的过程中遇到了什么问题，或者有相关图书出版计划，也请您发邮件告诉我们，以便我们更好地为您服务。

我们的联系方式：

清华大学出版社计算机与信息分社网站：https://www.SHUIMUSHUHUI.com/

地　　　址：北京市海淀区双清路学研大厦 A 座 714

邮　　　编：100084

电　　　话：010-83470236　　010-83470237

客服邮箱：2301891038@qq.com

QQ：2301891038（请写明您的单位和姓名）

资源下载：关注公众号"书圈"下载配套资源。

资源下载、样书申请

图书案例

书圈

清华计算机学堂

观看课程直播